Wissenschaftliche Taschenbücher

WTB

Mathematik · Physik

Konrad Kreher

Elektronen und Photonen in Halbleitern und Isolatoren

Akademie-Verlag Berlin

WTB

BAND 291

Konrad Kreher

Elektronen und Photonen in Halbleitern und Isolatoren

Mit 105 Abbildungen und 8 Tabellen

AKADEMIE-VERLAG BERLIN

Reihe MATHEMATIK und PHYSIK

Herausgeber:

Prof. Dr. phil. habil. W. Holzmüller, Leipzig
Prof. Dr. phil. habil. A Lösche, Leipzig
Prof. Dr. phil. habil. H. Reichardt, Berlin
Prof. Dr. rer. nat. habil. H.-J. Treder, Caputh

Verfasser:

Dr. sc. nat. Konrad Kreher
Sektion Physik der Karl-Marx-Universität Leipzig

ISSN 0084-098 X

1986
Erschienen im Akademie-Verlag Berlin,
DDR-1086 Berlin, Leipziger Straße 3—4

Lizenznummer: 202 · 100/424/86
Printed in the German Democratic Republic
Gesamtherstellung: VEB Druckhaus „Maxim Gorki“, 7400 Altenburg
Lektor: Renate Trautmann
LSV 1184
Bestellnummer: 763 390 5 (7291)

01250

Inhaltsverzeichnis

Vorwort

Die Physik der nichtmetallischen Festkörper hat in den letzten 50 Jahren einen gewaltigen Aufschwung genommen, der sowohl die Breitenentwicklung als auch ein vertieftes Verständnis aller physikalischen Eigenschaften betrifft.

Im Mittelpunkt dieses Bandes stehen optische Eigenschaften von Nichtmetallen und ihre theoretische Interpretation. Die Wahl beruht — neben den persönlichen Interessen des Autors — auf zwei Faktoren. Erstens waren und sind optische Untersuchungen im weitesten Sinn eine der Hauptquellen der Erkenntnisgewinnung in der Physik der Halbleiter und Isolatoren; zweitens entwickelt sich die Festkörper-Optoelektronik als jüngstes Teilgebiet der Mikroelektronik sehr schnell, so daß hohe Anwendungsrelevanz gegeben ist. Bilden doch Halbleiter wie GaAs, GaP, InP und ihre Mischkristalle die Materialbasis für Leuchtdioden, Halbleiterlaser, Fotodetektoren und andere optoelektronische Bauelemente und damit auch für die in rascher Entwicklung begriffene Lichtleiter-Nachrichtenübertragung.

Gegenwärtig sind die wichtigsten wissenschaftlich-technischen Voraussetzungen für optische Untersuchungen

- die Entwicklung der Lasertechnik, die optische Meßverfahren vorher nicht gekannter Leistungsfähigkeit (bzgl. Intensität, Energie-, Zeit-, Winkel- und Ortsauflösung) ermöglicht,
- die Entwicklung der maschinellen Rechentechnik für die Bewältigung theoretischer Probleme, insbesondere für die Berechnung der Elektronenstruktur,
- die nahezu perfekte Züchtungstechnologie für ausgewählte Substanzgruppen, insbesondere für die Element- und Verbindungshalbleiter mit tetraedrischer Koordination (Si, Ge, III-V- und II-VI-Verbindungen), die deshalb auch überwiegend als Modellsubstanzen herangezogen werden.

Hinzu kommen Entwicklungen auf den Gebieten der Elektronenspektroskopie, der Kryotechnik (routinemäßige Beherrschung von Temperaturen bis herab zu 1,8 K), der Technik hoher Magnetfelder (mittels supraleitender Spulen), der Hochvakuum- und Hochdrucktechnik u. a.

Obwohl versucht wird, einen breiten Überblick über optische Erscheinungen in Halbleitern und Isolatoren zu geben, wird der Leser wichtige Gebiete vermissen, z. B. die Laserphysik einschließlich nichtlinearer Optik und Ultrakurzzeitspektroskopie, RAMAN- und Hochfrequenzspektroskopie. Ihre Berücksichtigung hätte den Umfang des Buches gesprengt oder zu einer wenig befriedigenden oberflächlichen Darstellung aller Gebiete gezwungen, so daß darauf verzichtet worden ist.

Der Autor sieht in den mit vielen Beispielen angefüllten Kapiteln 5 und 6 den Hauptinhalt des Buches, die vorhergehenden Abschnitte bilden dafür die theoretische Grundlage. Mathematische Ableitungen werden weitgehend durch verbale physikalische Begründungen ersetzt, so daß sie auch ohne aktive Beherrschung der mathematischen Methoden verständlich sein können. So werden vorwiegend experimentell orientierte Physiker, Festkörperchemiker, Kristallografen, Werkstoffwissenschaftler und Elektroniker sowie Studenten höherer Semester der entsprechenden Fachrichtungen angesprochen.

Leipzig, Dezember 1984 KONRAD KREHER

Verzeichnis von Abkürzungen und Bezeichnungen

Abkürzungen

$a_{1,2}/A_{1,2}$	eindimensionale Darstellungen von Punktgruppen für ein Elektron bzw. mehrere Elektronen
AES	AUGER-Elektronenspektroskopie
ARPES	(angle resolved photoelectron spectroscopy) winkelaufgelöste Photoelektronenspektroskopie
ARUPS	(angle resolved ultraviolet photoelectron spectroscopy) winkelaufgelöste UV-Photoelektronenspektroskopie
A^0X	akzeptorgebundenes Exciton
$b_{1,2}/B_{1,2}$	eindimensionale Darstellungen von Punktgruppen für ein Elektron bzw. mehrere Elektronen
BZ	BRILLOUIN-Zone
CC	Konfigurationskoordinate
CFS	(constant final state spectroscopy) Spektroskopie bei konstantem Endzustand
CIS	(constant initial state spectroscopy) Spektroskopie bei konstantem Anfangszustand
D_J	irreduzible Darstellung der Kugeldrehgruppe
DAP	Donator-Akzeptor-Paar
DK	Dielektrizitätskonstante
D^0X	donatorgebundenes Exciton
e/E	zweidimensionale Darstellung von Punktgruppen für ein Elektron bzw. mehrere Elektronen
$E_{0,1,2}$	Bezeichnung für Valenzband-Leitungsband-Übergänge
EHG	(electron hole gas) Elektron-Loch-Gas
EHL	(electron hole liquid) Elektron-Loch-Flüssigkeit
EHP	(electron hole plasma) Elektron-Loch-Plasma
ELS	(electron energy loss spectroscopy) Elektronenverlustspektroskopie
EMT	Effektiv-Masse-Theorie
ENDOR	(electron nuclear double resonance) Elektron-Kern-Doppelresonanz

EPR	(electron paramagnetic resonance) paramagnetische Elektronenresonanz
ESCA	(electron spectroscopy for chemical analysis) Elektronenspektroskopie zur chemischen Analyse
EWF	elektronenwechselwirkungsfrei
EXAFS	(extend X-ray absorption fine structure) kantenferne Röntgenabsorptionsfeinstruktur
FE	freies Exciton
IR	Infrarot
L, L_n	Endpunkt der [111]-Richtung in der BZ und irreduzible Darstellung der zugehörigen Punktgruppe
LA	longitudinal akustisch
LO	longitudinal optisch
LPB	(lower polariton branch) unterer Polaritonenzweig
$M_{0,1,2,3}$	Bezeichnungen für kritische Punkte der Bandstruktur
OPW	(orthogonalized plane wave) orthogonalisierte ebene Welle
PEYS	(photoelectron yield spectroscopy) Photoelektronenausbeutespektroskopie
$t_{1,2}/T_{1,2}$	dreidimensionale Darstellungen von Punktgruppen für ein Electron bzw. mehrere Elektronen
TA	transversal akustisch
TO	transversal optisch
UPB	(upper polariton branch) oberer Polaritonenzweig
UPS	(ultraviolet photoelectron spectroscopy) UV-angeregte Photoelektronenspektroskopie
UV	Ultraviolett
VCA	(virtual crystal approximation) Virtuell-Kristall-Näherung
X/X_n	Endpunkt der [100]-Richtung in der BZ und irreduzible Darstellung der zugehörigen Punktgruppe
XPS	(X-ray photoelectron spectroscopy) röntgenstrahlangeregte Photoelektronenspektroskopie
YAlG	Yttrium-Aluminium-Granat
YGaG	Yttrium-Gallium-Granat
2-DEG	zweidimensionales Elektronengas
γ	Bezeichnung für Elektronenkonfiguration
Γ	Zentrum der BZ
Γ_n	irreduzible Darstellungen von Punktgruppen
Δ/Δ_n	[100]-Richtung der BZ und irreduzible Darstellung der zugehörigen Punktgruppe
λ/λ_n	[111]-Richtung der BZ und irreduzible Darstellung der zugehörigen Punktgruppe
Σ/Σ_n	[110]-Richtung der BZ und irreduzible Darstellung der zugehörigen Punktgruppe

Indizes

a	Index für Absorption

A	Index für Akzeptor
c	Index für Leitungsband, Ladungsträger, kritisch
d	Index für direkt
D	Index für Donator
e	Index für Elektron, Emission
ex	Index fur Exciton
exc	Index für Anregung (excitation)
f	Index für Endzustand (final)
G	Index für Gitter
g	Index für Grundzustand, verbotene Zone (gap)
h	Index für Loch (hole) und schwer (heavy)
i	Index für Anfangszustand (initial)
l	Index für leicht (light)
L	Index für Licht
v	Index fur Valenzband

Formelzeichen

a_0	Gitterkonstante
$\boldsymbol{a}_{1,2,3}$	Basisvektoren des Kristallgitters
a_{nlm}	Atomwellenfunktionen
a_B	BOHRscher Radius
a_{ex}	Excitonenradius
$\boldsymbol{A}$	Vektorpotential
A_{21}	EINSTEIN-Koeffizient der spontanen Emission
$\boldsymbol{b}_{1,2,3}$	Basisvektoren des reziproken Gitters
B_{12}, B_{21}	EINSTEIN-Koeffizienten für induzierte Übergänge
$\hat{\boldsymbol{d}}$	Operator des elektrischen Dipolmoments
Dq	Kristallfeldparameter
$\boldsymbol{D}_{vc}$	Dipolmatrixelement zwischen Valenz- und Leitungsband
E	Energie
$\boldsymbol{E}$	elektrische Feldstärke
$E_{v,c}$	Kante des Valenz- bzw. Leitungsbands
E_g	Breite der verbotenen Zone
$f(\varepsilon)$	FERMI-Funktion
$g(\omega)$	Modendichte von Gitterschwingungen
$\boldsymbol{H}$	magnetische Feldstärke
$\hat{H}$	HAMILTON-Operator
I	Intensität, Ionisierungsenergie
j, J	Quantenzahl des Gesamtdrehimpulses für ein Elektron bzw. mehrere Elektronen
$\hat{\boldsymbol{j}}$, $\hat{\boldsymbol{J}}$	Operator des Gesamtdrehimpulses für ein Elektron bzw. mehrere Elektronen
k, $\boldsymbol{k}$	Wellenzahl, -vektor des Elektrons
k_L, $\boldsymbol{k}_L$	Wellenzahl, -vektor des Photons
$\boldsymbol{K}$	Vektor des reziproken Gitters

l, L Quantenzahl des Bahndrehimpulses für ein Elektron bzw. mehrere Elektronen
$\hat{\boldsymbol{l}}, \hat{\boldsymbol{L}}$ Operator des Bahndrehimpulses für ein Elektron bzw. mehrere Elektronen
m, M magnetische Quantenzahl für ein Elektron bzw. mehrere Elektronen
m Masse, effektive Masse, Schalennummer
M Masse
n Hauptquantenzahl, Bandindex, Brechungsindex, Elektronendichte, ganzzahliger Index
N Elektronenzahl
$n(\nu)$ spektrale Photonendichte
$N(\nu)$ Modendichte eines Hohlraums
N_{cl} partielle Zustandsdichte
p Löcherkonzentration, Druck, ganz- oder halbzahliger Index bzw. Exponent
$\boldsymbol{p}$ Impuls
$\hat{\boldsymbol{p}}$ Impulsoperator
$\boldsymbol{P}_{\mathrm{vc}}$ Impulsmatrixelement zwischen Valenz- und Leitungsband
$q, \boldsymbol{q}$ Wellenzahl, -vektor des Phonons
Q Leistungsdichte, Konfigurationskoordinate
$\boldsymbol{r}, \boldsymbol{R}$ Ortsvektor
R RYDBERG-Konstante, Reflexionsvermögen
s, S Spinquantenzahl für ein Elektron bzw. mehrere Elektronen
$\hat{\boldsymbol{s}}; \hat{\boldsymbol{S}}$ Spinoperator für ein Elektron bzw. mehrere Elektronen
S HUANG-RHYS-Faktor
$\boldsymbol{S}$ Energiestromdichte
T_n Termenergie
$\hat{T}_{\boldsymbol{R}}$ Translationsoperator
$u_{n\boldsymbol{k}}$ gitterperiodischer Anteil einer BLOCH-Funktion
V_{XC} Austausch-Korrelations-Energie
w Übergangswahrscheinlichkeit pro Zeiteinheit
W Übergangsrate
x Ortskoordinate, Zusammensetzung von Mischkristallen
y Ortskoordinate
Y_l^m Kugelflächenfunktion
z Ortskoordinate, Elektronenzahl
Z Kernladungszahl

α Absorptionskoeffizient, Koeffizient der thermischen Ausdehnung, Polaronenkopplungskonstante
β Temperaturkoeffizient
δ_{ij} KRONECKER-Symbol
$\delta(x)$ DIRACsche Deltafunktion
Δ LAPLACE-Operator
ε Einelektronenenergie
ε_0 elektrische Feldkonstante

$\varepsilon_{1,2}$	Real-, Imaginärteil der DK
ε_s	statische DK
ε_∞	optische DK
ζ	Spin-Bahn-Kopplungskonstante für mehrere Elektronen
$\zeta_{n,p}$	FERMI-Niveau von Elektronen bzw. Löchern
θ	Winkelgröße, die dem Reflexionsvermögen zugeordnet ist
$\varkappa$	Absorptionsindex, Kompressibilität
λ_a	Austrittstiefe angeregter Elektronen
μ	reduzierte Masse
μ_0	magnetische Feldkonstante
ν	Frequenz
$\bar{\nu}$	Wellenzahl
ξ	Spin-Bahn-Kopplungskonstante für ein Elektron
$\varrho_{\boldsymbol{k}}$	Zustandsdichte im k-Raum
ϱ_L	Energiedichte der Lichtwelle bzw. des schwarzen Strahlers
$\varrho(\boldsymbol{r})$	Elektronendichte
ϱ_{vc}	kombinierte Zustandsdichte
$\varrho(\varepsilon)$	Zustandsdichte
σ_n	Abschirmkonstante
τ	Relaxationszeit
$\varphi(Q)$	Schwingungswellenfunktion
Φ	Wellenfunktion für Elektronen und Kerne
$\boldsymbol{\Phi}$	Photonenflußdichte
ψ/Ψ	Wellenfunktion für ein Elektron bzw. mehrere Elektronen
$\psi_{n\boldsymbol{k}}$	BLOCH-Funktion
ω_p	Plasmafrequenz
Ω	Grundgebietsvolumen
Ω_0	Elementarzellenvolumen

1. Einleitung

Feste Stoffe (im folgenden unabhängig von ihrer geometrischen Form als Festkörper bezeichnet) sind genügend große („makroskopische") Ansammlungen atomarer Teilchen, die hinreichend lange Zeit auch unter dem Einfluß äußerer Kräfte in der Nähe von Gleichgewichtslagen lokalisiert sind. Bei regelmäßiger Anordnung der Gitterbausteine über makroskopische Entfernungen (Fernordnung) entsteht das *Raumgitter* der *kristallinen* Festkörper; liegt dagegen eine nur auf atomare Entfernungen beschränkte Nahordnung vor, so ergibt sich das (zufällige) *Netzwerk* der *amorphen* Festkörper (Abb. 1.1).

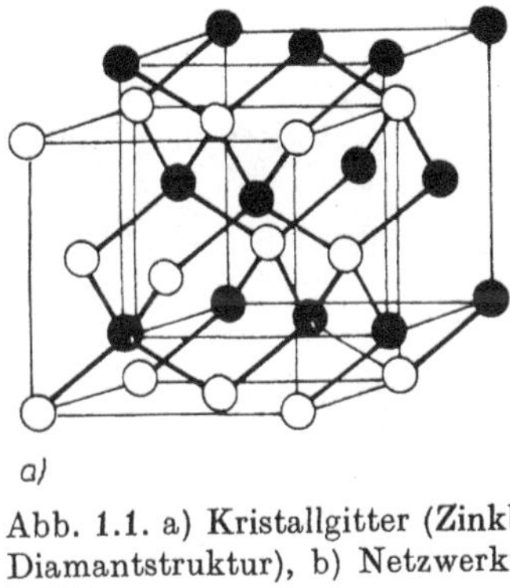

a) b)

Abb. 1.1. a) Kristallgitter (Zinkblendestruktur bzw. bei gleichen Atomen Diamantstruktur), b) Netzwerkmodell von amorphem Ge oder Si (nach [127])

In beiden Fällen wird bei der Bildung des Festkörpers aus freien Atomen eine Bindungsenergie in der Größenordnung von 5 eV pro Gitterbaustein frei; daraus folgt, daß allein die Valenzelektronen der Atome stark durch die Bindung beeinflußt werden, die Elektronen der inneren Schalen jedoch nur wenig von freien

Atomen abweichende Eigenschaften haben. Bei Nichtmetallen liegt gemischt kovalent-ionore Bindung vor (einschließlich der rein homöopolaren Bindung bei den Elementen der 4. Gruppe des Periodensystems und der praktisch rein heteropolaren Bindung bei den Alkalihalogeniden). Das Ergebnis sind im Gegensatz zu den dichtgepackten metallischen *offene Strukturen* mit relativ geringer Raumerfüllung.

Die thermische Energie der Gitterschwingungen ($\approx 0{,}025$ eV pro Gitterbaustein bei Zimmertemperatur) ist wesentlich kleiner, so daß diese bis zur Schmelztemperatur nur eine kleine Störung der Elektronenstruktur des starren Gitters (bzw. Netzwerks) bewirken.

Die optischen Eigenschaften werden durch die Wechselwirkung der Photonen eines elektromagnetischen Strahlungsfeldes mit den Elektronen bestimmt. Jedes optische Experiment läßt sich demzufolge als im allgemeinen unelastische Streuung von Photonen an Elektronen auffassen (einschließlich der Vernichtung oder Erzeugung von Photonen bei Absorption bzw. Emission); zu seiner Interpretation ist daher die Kenntnis der Elektronenstruktur sowohl im Grundzustand als auch im angeregten Zustand des Festkörpers erforderlich. Die Wechselwirkungsenergie kann ganz oder teilweise auf die Auslenkung der Ionenrümpfe übertragen werden, was effektiv als Anregung von Gitterschwingungen (Photon-Phonon-Wechselwirkung) beschreibbar ist. Neben rein elektronischen gibt es also auch phononenbegleitete elektronische und rein phononische Prozesse, deren Interpretation die Kenntnis der Gitterschwingungsspektrums voraussetzt.

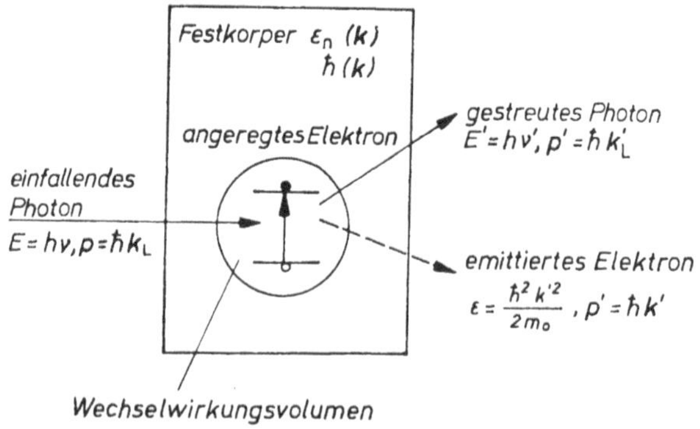

Abb. 1.2. Schema der optischen Untersuchung von Festkörpern

Kehrt man die Problemstellung um, so erhält man entsprechend dem Schema der Abb. 1.2 experimentelle Informationen über Elektronenstruktur und Gitterschwingungen eines Festkörpers,

1. aus der Untersuchung der gestreuten bzw. der durch den Festkörper hindurchgehenden Photonen mittels optischer Spektrometer,
2. aus der Untersuchung von eventuell aus dem Festkörper austretenden Elektronen mittels Elektronenspektrometern und
3. aus der Untersuchung des Zustandes des Festkörpers während oder nach der Wechselwirkung mit Licht (Temperaturänderung, Photoleitung, Lumineszenz usw.).

Derartige Experimente können mit polarisierter Strahlung, zeit-, energie- und ortsaufgelöst sowie unter dem Einfluß von äußerem Druck, magnetischen oder elektrischen Feldern ausgeführt werden, so daß eine Fülle experimenteller Verfahren entstanden ist.

Das Strahlungsfeld vor bzw. nach der Wechselwirkung mit dem Festkörper wird klassisch durch transversale elektromagnetische Wellen mit Kreisfrequenz ω und Ausbreitungsvektor $\boldsymbol{k}_\mathrm{L}$ $\left(|\boldsymbol{k}_\mathrm{L}| = \frac{\omega}{c}\right)$ beschrieben; die Feldvektoren $\boldsymbol{E}$ der elektrischen und $\boldsymbol{H}$ der magnetischen Feldstärke stehen senkrecht aufeinander und auf $\boldsymbol{k}_\mathrm{L}$, dementsprechend sind zwei Polarisationsrichtungen möglich. Frequenz ν und Wellenlänge λ sind durch die Dispersionsbeziehung $\lambda \cdot \nu = c$ (c — Lichtgeschwindigkeit) verknüpft. Die Energiestromdichte $\boldsymbol{S} = [\boldsymbol{E} \times \boldsymbol{H}]$ hat in optisch isotropen Medien die Richtung von $\boldsymbol{k}_\mathrm{L}$ und ist mit der Energiedichte ϱ_L durch die Beziehung $S = c \cdot \varrho_\mathrm{L}$ verknüpft.

Quantenmechanisch sind dem Strahlungsfeld Photonen zugeordnet: neutrale Bose-Teilchen ohne Ruhemasse mit dem Spin 1, der Energie $h\nu = \hbar\omega$ und dem Impuls $\hbar\boldsymbol{k}_\mathrm{L}$. Den beiden zirkularen Polarisationsrichtungen entsprechen die beiden Drehimpulskomponenten $\pm\hbar$ in Ausbreitungsrichtung; da die Wellen transversal sind, existieren Photonen mit der beim Spin 1 ebenfalls zu erwartenden Drehimpulskomponente 0 nicht.[1]) [L 1]. Der Energiestromdichte S ist die Photonenflußdichte $\varphi = \frac{1}{\hbar\omega} S$ äquivalent.

[1]) Linear polarisierte Lichtwellen haben als Überlagerung entgegengesetzt zirkular polarisierter keinen definierten Drehimpuls.

Aus dem Festkörper ausgetretene freie Elektronen sind FERMI-Teilchen mit der Ruhemasse m_0, der Ladung $-e$ und dem Spin $\frac{1}{2}\hbar$. Zwischen Energie E und Impuls $\boldsymbol{p}$ besteht in nichtrelativistischer Näherung die Dispersionsbeziehung $E = \frac{p^2}{2m_0}$. Wellenmechanisch werden sie bei Vernachlässigung des Spins durch skalare Wellenfunktion

$$\psi(\boldsymbol{r}) \sim e^{i\boldsymbol{k}\boldsymbol{r}}$$

mit dem Wellenzahlvektor $\boldsymbol{k} = \frac{1}{\hbar}\boldsymbol{p}$ beschrieben; bei expliziter Berücksichtigung des Spin treten an die Stelle skalarer Wellenfunktionen Spinorfunktionen.

2. Elektronenstruktur des starren Festkörpers

Die Berechnung der elektronischen Zustände eines Festkörpers ist ein extrem kompliziertes quantenmechanisches Vielteilchenproblem, das nur unter drastischen Näherungsannahmen einer mathematischen Behandlung zugänglich ist.

Ausgangspunkt ist die *Einelektronennäherung des starren Gitters:* Das Verhalten eines Elektrons im Feld der starr angeordneten Atomkerne wird als repräsentativ für den Festkörper betrachtet; die Wechselwirkung mit allen anderen Elektronen wird durch ein gemitteltes Potential beschrieben, das man selbstkonsistent aus den Einzelelektronenwellenfunktionen aller Elektronen berechnet (z. B. HARTREE-FOCK-Methode des selbstkonsistenten Feldes [L 2]). Als Ergebnis dieses Verfahrens (das im Festkörper nur unter weiteren Näherungsannahmen durchgeführt werden kann) erhält man optimale Einteilchenwellenfunktionen $\varphi_n(\boldsymbol{r}_i)$ zu den Einteilchenenergien ε_n. n symbolisiert dabei alle Quantenzahlen, i numeriert die Teilchen. Die vorhandenen Elektronen werden im Grundzustand entsprechend der FERMI-Statistik auf die Einteilchenzustände verteilt. Charakteristisch für nichtmetallische Festkörper ist, daß im Grundzustand besetzte und leere Einteilchenzustände durch eine Energielücke (verbotene Zone) getrennt sind, während in Metallen die Besetzungsgrenze in einem Band erlaubter Zustände liegt.

Als angeregte Zustände treten *Ein- bzw. Mehrteilchenanregungen* (ein bzw. mehrere Elektronen besetzen andere Einteilchenzustände als im Grundzustand des Systems) und *kollektive Anregungen* (alle Elektronen ändern ihren Zustand) auf. Die Gesamtwellenfunktion ist bei HARTREE-FOCK-Behandlung eine SLATER-Determinante aus den Einteilchenwellenfunktionen, die Gesamtenergie ist jedoch nicht gleich der Summe der Einteilchenenergien.

Aus rechentechnischen Gründen unterteilt man die Elektronen in Rumpf- und Valenzelektronen.

Für die Berechnung der Elektronenzustände der Ionenrümpfe berücksichtigt man nur das Potential *eines* Atomkerns und die Wechselwirkung der (wenigen) Rumpfelektronen (Näherung freier Ionen); der Einfluß der Nachbaratome und der Valenzelektronen wird störungstheoretisch behandelt. In analoger Weise verfährt man z. T. auch mit Punktstörstellen.

Für die Berechnung der Valenzelektronenzustände und höher liegender Zustände beschränkt man sich auf ein Elektron in dem Potential aller Ionenrümpfe und dem gemittelten Potential der Wechselwirkung mit den übrigen Valenzelektronen. Dabei bleibt die Korrelation der Elektronenbewegung weitgehend unberücksichtigt. Echte Vielteilchenrechnungen, die sie berücksichtigen (z. B. der z. Zt. häufig benutzte Dichtefunktionalformalismus [L 7]), liefern jedoch nur Aussagen über Grundzustandseigenschaften des Festkörpers und sind daher in der bisher üblichen Form für die Interpretation optischer Erscheinungen nur begrenzt nutzbar.

Für die Klassifizierung der Energiezustände, die Berechnung von Auswahlregeln u. a. spielen sowohl bei den Valenzelektronen als auch bei den Rumpf- und Störstellenelektronen gruppentheoretische Methoden [S 1—S 5] eine große Rolle, auf die hier jedoch nur in beschränktem Umfang zurückgegriffen wird.

2.1. *Elektronenstruktur der Ionenrümpfe* [S 5—S 8]

Der HAMILTON-Operator $\hat{H}$ eines Ions[1]) mit der Kernladungszahl Z und N Elektronen hat im Kristall die Form

$$\hat{H} = \sum_{i=1}^{N} \hat{H}_{0i} + \hat{H}_{ee} + \hat{H}_{s0} + \hat{H}_{kr}. \tag{2.1}$$

[1]) Es kann sich sowohl um ein Ion des Wirtskristalls als auch um ein Störstellenion oder -atom handeln.

$\hat{H}_{0i} = \frac{\hat{p}_i^2}{2m_0} - \frac{Ze^2}{4\pi\varepsilon_0 r_i} - \frac{\hat{p}_i^4}{8m_0^3c^2}$ ist die Energie des i-ten Elektrons im Feld des Kerns; der letzte Term beschreibt die relativistische Massenveränderlichkeit des Elektrons.

$\hat{H}_{ee} = \sum_{i=1}^{N} \sum_{j<1} \frac{e^2}{4\pi\varepsilon_0 r_{ij}}$ ist die elektrostatische Wechselwirkungsenergie der Elektronen,.

$\hat{H}_{s0} = \sum_{i=1}^{N} \xi(\boldsymbol{r}_i)\, \hat{\boldsymbol{l}}_i \cdot \hat{\boldsymbol{s}}_i$ die Energie der Spin-Bahn-Wechselwirkung (der für die Termstruktur wichtigste relativistische Effekt),

$H_{kr} = -\sum_{i=1}^{N} e V_{kr}(\boldsymbol{r}_i)$ die elektrostatische Energie der Wechselwirkung der Elektronen mit der Umgebung, wobei V_{kr} das durch die Ladungsverteilung des Festkörpers (außer den N Elektronen des Ions) verursachte Potential ist.

$\boldsymbol{r}_i$, $\hat{\boldsymbol{p}}_i$, $\hat{\boldsymbol{l}}_i$, $\hat{\boldsymbol{s}}_i$ sind Ort, Impuls-, Bahndrehimpuls- und Spinoperator des i-ten Elektrons; $\xi(\boldsymbol{r}_i)$ charakterisiert die Größe der Spin-Bahn-Wechselwirkung; r_{ij} ist der Abstand der Elektronen i und j.

Denkt man sich im Sinne eines Hartree-Fock-Verfahrens ein optimales kugelsymmetrisches Einelektronenpotential bestimmt (potentielle Energie $U(\boldsymbol{r}_i)$), so wird

$$\hat{H} = \hat{H}_0' + \hat{H}_{ee}' + \hat{H}_{s0} + \hat{H}_{kr} \tag{2.1a}$$

$$\text{mit } \hat{H}_0' = \sum_{i=1}^{N} \hat{H}_{0i}' = \sum_{i=1}^{N} \left(\frac{\hat{p}_i^2}{2m_0} + U(\boldsymbol{r}_i)\right)$$

$$\text{und } \hat{H}_{ee}' = \hat{H}_{ee} - \sum_{i=1}^{N} \left[U(\boldsymbol{r}_i) + \frac{Ze^2}{4\pi\varepsilon_0 r_i} + \frac{\hat{p}_i^4}{8m_0^3c^2}\right].$$

$U(\boldsymbol{r}_i)$ ist die Differenz zwischen der Wechselwirkung des i-ten Elektrons mit dem Kern und dem kugelsymmetrischen Anteil seiner Wechselwirkung mit allen anderen Elektronen, der die Wechselwirkung mit dem Kern vermindert (abschirmt).

$U(\boldsymbol{r}_i)$ ist optimal in dem Sinne, daß $\hat{H}_{ee}'$ einer wesentlich kleineren Energie (Größenordnung 1 eV) als dem dominierenden Anteil $\hat{H}_0'$ (> 10 eV) entspricht und damit ebenso wie $\hat{H}_{s0}$ (Größenordnung 10···100 meV) und $\hat{H}_{kr}$ störungstheoretisch behandelt werden kann, was für $\hat{H}_{ee}$ bezüglich $\hat{H}_0$ keineswegs zutrifft.

2.1.1. Abschirmfeldnäherung

Zunächst vernachlässigen wir alle Wechselwirkungen der Elektronen außer der in $U(\boldsymbol{r}_i)$ enthaltenen kugelsymmetrisch abgeschirmten COULOMB-Wechselwirkung mit dem Kern, d. h., wir betrachten die Eigenzustände des *elektronenwechselwirkungsfreien* (*EWF*-) *Systems* $\hat{H}_0'$. $\hat{H}_0'$ ist eine Summe von Einteilchenoperatoren $\hat{H}_{0i}'$ und kommutiert mit den Einteilchenoperatoren $\hat{H}_{0j}'$, $\hat{\boldsymbol{l}}_j^2$, $\hat{\boldsymbol{s}}_j^2$, $\hat{l}_{zj}$ und $\hat{s}_{zj}$. Letztere sind die Komponenten der Bahndrehimpulsoperatoren $\hat{}_j$ bzw. der Spinoperatoren $\hat{\boldsymbol{s}}_j$ in einer ausgewählten Richtung. Diese Einteilchenoperatoren haben als Eigenzustände die Einteilchenfunktionen

$$\psi_{ai}(\boldsymbol{r}_i) = |n_i, l_i, m_{li}, m_{si}\rangle \tag{2.2}$$

zu den Einteilchenenergien $\varepsilon_i\ (n_i, l_i) \cdot m_{si} = \pm \frac{1}{2}$ und $m_{li} = -l_i$, $-l_i + 1, \ldots, l_i - 1, l_i$ sind die Orientierungsquantenzahlen für Spin bzw. Bahndrehimpuls, s_i und l_i die Quantenzahlen für die entsprechenden Beträge. Die Hauptquantenzahl n_i charakterisiert die Energie. ai ist die Kurzbezeichnung für den vollständigen Satz der vier Quantenzahlen.

Einteilchenzustände mit gleichem n und l (und damit gleicher Energie) heißen *äquivalent* und gehören zur gleichen *Unterschale*, die $2 \cdot (2l + 1)$-fach entartet ist. Die energetisch benachbarten Zustände mit gleichem n (aber unterschiedlichen l-Werten) bilden eine *Schale*. Da $0 \leqq l \leqq n - 1$ ist, enthält eine Schale $(n - 1)$ Unterschalen und

$$\sum_{l=0}^{n-1} 2(2l + 1) = 2n^2 \tag{2.3}$$

Zustände. Aus historischen Gründen bezeichnet man Schalen (n) und Zustände mit bestimmtem l auch mit Buchstabensymbolen (K, L, M, ... für Schalen, s, p, d, f, ... für Drehimpulse).

Gemäß dem PAULI-Prinzip ist die N-Elektronen-Wellenfunktion $\psi_N{}^0$ zu $\hat{H}_0'$ die antisymmetrische Linearkombination aller $N!$ Produktionsfunktionen $\prod_{i=1}^{N} \psi_{ai}(\boldsymbol{r}_j)$. Die zugehörige Gesamtenergie

$$E_N{}^0 = \sum_{i=1}^{N} \varepsilon_i(n_i, l_i) \tag{2.4}$$

ist eine Funktion der Auswahl der N Einelektronenzustände,

die als *Elektronenkonfiguration* bezeichnet wird. Die Einelektronenenergien hängen nur von n_i und l_i ab, daher genügt zur eindeutigen Kennzeichnung von E_N die Angabe der Zahl z_i von Zuständen der beteiligten Unterschalen (n_i, l_i).
Eine Konfiguration wird daher in der Form

$$(1\,\mathrm{s})^{z(1\mathrm{s})}\,(2\,\mathrm{s})^{z(2\mathrm{s})}\,(2\,\mathrm{p})^{z(2\mathrm{p})}\cdots\,(\textstyle\sum z_i = N) \tag{2.5}$$

angegeben. Im allgemeinen ist eine Konfiguration hochgradig *entartet*, d. h., es existieren viele Vielteilchenzustände mit unterschiedlichen m_l- bzw. m_s-Werten zur gleichen Konfiguration. Da $\psi_N{}^0$ identisch verschwindet, wenn zwei Einteilchenzustände gleich sind, enthalten die in der Natur realisierten Konfigurationen lauter verschiedene Einteilchenzustände (PAULI-Prinzip); es sind also maximal 2 $(2l + 1)$ Zustände einer Unterschale beteiligt: $z(n, l) \leqq 2(2l + 1)$. Ist $z = 2(2l + 1)$ (alle Zustände beteiligt), so bezeichnet man die Unterschale als abgeschlossen. Analog ist eine Schale abgeschlossen, wenn alle $2n^2$ Zustände an der entsprechenden Konfiguration beteiligt sind.

Die Konfigurationen niedrigster Energie leiten sich aus den energetisch tiefsten Einelektronenzuständen ab; beispielsweise hat ein freies Si-Atom ($Z = N = 14$) als niedrigste Konfiguration $(1\mathrm{s})^2(2\mathrm{s})^2(2\mathrm{p})^6(3\mathrm{s})^2(3\mathrm{p})^6$.

Im allgemeinen gehören zu einer Konfiguration Zustände mit unterschiedlichen Werten von Spin, Bahn- und Gesamtdrehimpuls (S, L, J). Abgeschlossene Schalen bzw. Unterschalen haben $S = L = J = 0$, daher werden die Gesamtdrehimpulse einer Konfiguration allein durch die nicht abgeschlossenen Unterschalen bestimmt.

2.1.2. *Termstruktur freier Ionen* [S 5, S 8, S 9]

Die Elektronenzustände freier Ionen gehen aus denen des EWF-Systems durch störungstheoretische Berücksichtigung von $\hat{H}'_{\mathrm{ee}}$ und $\hat{H}_{\mathrm{so}}$ hervor. Dominiert $\hat{H}'_{\mathrm{ee}}$, spricht man von RUSSEL-SAUNDERS- oder *LS*-Kopplung; dominiert $\hat{H}_{\mathrm{so}}$, von *j-j*-Kopplung; sind beide gleichrangig, liegt intermediäre Kopplung vor.

2.1.2.1. *Russel-Saunders-Kopplung*

Bei *LS*-Kopplung sind in einem ersten Schritt die Eigenzustände des *Coulomb-Systems*

$$\hat{H}_{\mathrm{c}} = \hat{H}_0{}' + \hat{H}'_{\mathrm{ee}} \tag{2.6}$$

zu bestimmen. $\hat{H}_c$ kommutiert nicht mehr mit den Einelektronenoperatoren, sondern nur noch mit $\hat{\boldsymbol{S}}^2$, $\hat{\boldsymbol{L}}^2$, $\hat{\boldsymbol{J}}^2$ ($\hat{\boldsymbol{S}} = \sum_{i=1}^{N} \boldsymbol{s}_i$ ist der Spinoperator, $\hat{\boldsymbol{L}} = \sum_{i=1}^{N} \boldsymbol{l}_i$ der Bahndrehimpulsoperator, $\hat{\boldsymbol{J}} = \hat{\boldsymbol{L}} + \hat{\boldsymbol{S}}$ der Gesamtdrehimpulsoperator aller Elektronen) sowie mit den Komponenten $\hat{S}_z$, $\hat{L}_z$ und $\hat{J}_z$ dieser Operatoren, daher sind nur noch die diesen Operatoren entsprechenden Quantenzahlen L, S, J, M_L, M_S, M_J „gute" Quantenzahlen (nur fur diese Größen gelten Erhaltungssatze).

Die Eigenfunktionen $\Psi_N{}^C$ von $\hat{H}_c$ sind näherungsweise Linearkombinationen der $\Psi_N{}^0$ *einer* Konfiguration γ. Sie lassen sich so wählen, daß sie gleichzeitig Eigenfunktionen zu $\hat{\boldsymbol{L}}^2$, $\hat{\boldsymbol{S}}^2$, $\hat{\boldsymbol{L}}_z$ und $\hat{\boldsymbol{S}}_z$ sind, und daher in der Form

$$\Psi_N{}^C = |\gamma, L, S, M_L, M_S\rangle \tag{2.7}$$

angeben.

Die zugehörigen Termenergien $E_N{}^C(\gamma, L, S)$ hängen außer von der betreffenden Konfiguration γ nur von L und S, nicht aber von M_L und M_S ab. Die Terme werden mit dem Symbol $^{(2S+1)}L$ bezeichnet, sie sind $(2S + 1) \cdot (2L + 1)$fach entartet und enthalten Zustände zu unterschiedlichen Gesamtdrehimpulsen J. Die Berechnungsverfahren für $E_N{}^C$ und $\Psi_N{}^C$ sind gut bekannt [S 6].

Abgeschlossene Unterschalen (s^2, p^6, d^{10}, f^{14}, ...) liefern einen ^1S-Term. Konfigurationen mit z und $2(2l + 1)$-z Elektronen liefern die gleichen Terme, d. h., ein fehlendes Elektron („Loch") ist einem vorhandenen Elektron gleichwertig („Löcherprinzip" von PAULI).

Nach der empirischen HUNDschen Regel ist der Term mit maximalem Spin (falls mehrere vorhanden, davon der mit maximalem L) der Grundterm.

In einem zweiten Schritt wird die Spin-Bahn-Wechselwirkung $\hat{H}_{s0}$ berucksichtigt, d. h., es werden die Eigenzustände von

$$\hat{H}_{\text{frei}} = \hat{H}_c + \hat{H}_{s0}$$

ermittelt. $\hat{H}_{\text{frei}}$ kommutiert nur noch mit $\hat{\boldsymbol{J}}^2$ und $\hat{J}_z$, die Eigenfunktionen lassen sich in der Form $\Psi_N{}^{\text{frei}} = |\gamma, J, J_z\rangle$ angeben und sind näherungsweise (für $\hat{H}_{s0} \ll \hat{H}'_{ee}$) Linearkombinationen jeweils *eines* Ausgangsterms (mit bestimmten Werten L und S).

In dieser Näherung ist $\hat{H}_{s0} = \zeta(\gamma, L, S) \cdot \hat{\boldsymbol{L}} \cdot \hat{\boldsymbol{S}}$ proportional zum Skalarprodukt der Operatoren $\hat{\boldsymbol{L}}$ und $\hat{\boldsymbol{S}}$ und führt zu Zusatzenergien

$$\Delta E(\gamma, L, S, J) = \frac{1}{2} \zeta(\gamma, L, S) \, [J(J+1) - L(L+1) - S(S+1)] \tag{2.8}$$

Bei weniger als halb besetzter Schale ist $\zeta > 0$, und die Termenergie wächst mit J; für mehr als halb besetzte Schalen („Lochkonfigurationen") ist $\zeta < 0$, und die Termenergie sinkt mit J.

Bei Berücksichtigung von $\hat{H}_{s0}$ unterliegen die Terme also einer Multiplettaufspaltung, die zu *Multiplettermen* der Form $^{(2S+1)}L_J$ führt, deren Energie außer von γ, L, S auch von J, nicht jedoch von M_J abhängt und die demzufolge $(2J + 1)$-fach entartet sind.

Entsprechend (2.8) ist die Energiedifferenz zwischen zwei Termen des gleichen Multipletts proportional dem J-Wert des höheren der beiden Terme (LANDEsche Intervallregel). Abb. 2.1 veranschaulicht die Verhältnisse am Beispiel der Konfiguration p^2 bzw. p^4.

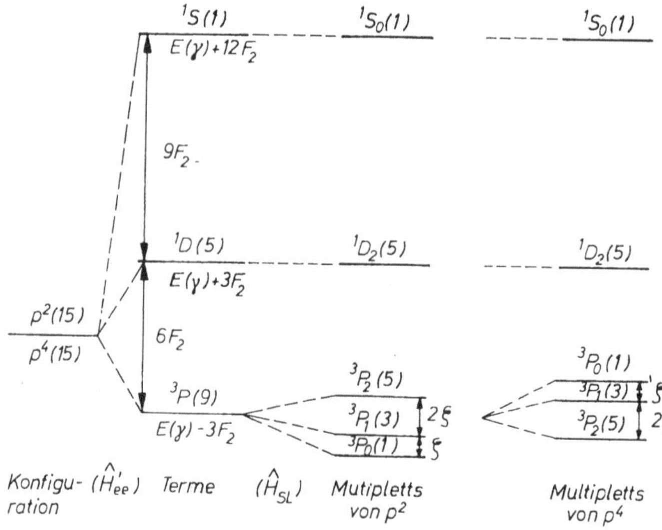

Abb. 2.1. Terme und Multipletts der Konfiguration p^2 (Be, B^+, C^{2+}, N^{3+} usw.) bzw. p^4 (C, N^+, O^{2+} usw.) in LS-Kopplung. In Klammer ist der Entartungsgrad angegeben. Die Energie F_2 charakterisiert die Größe der COULOMB-Wechselwirkung $\hat{H}'_{ee}$; die Multiplettaufspaltung berechnet sich aus (2.8)

2.1.2.2. *j-j-Kopplung und intermediäre Kopplung*

Im Falle der j-j-Kopplung sind im ersten Schritt die Eigenzustände von

$$\hat{H}_{jj} = \hat{H}_0' + \hat{H}_{s0} = \sum_{i=1}^{N} \hat{H}_{jj}(i) \tag{2.9}$$

zu ermitteln, $\hat{H}'_{ee}$ wird zunächst vernachlässigt.

Die Einteilchenoperatoren $\hat{H}_{jj}(i) = \hat{H}'_{0i} + \xi(\boldsymbol{r}_i)\,\hat{\boldsymbol{l}}_i \cdot \hat{\mathbf{s}}_i$ kommutieren mit dem Einteilchengesamtdrehimpulsoperator $\hat{\boldsymbol{j}}_i = \hat{\boldsymbol{l}}_i + \hat{\mathbf{s}}_i$ und seiner Komponente $\hat{j}_{zi} = \hat{l}_{zi} + \hat{s}_{zi}$ in einer Vorzugsrichtung. Die zugehörigen Eigenfunktionen

$$\Psi_i^{(jj)} = |j, m_j\rangle \tag{2.10}$$

sind demzufolge Linearkombinationen *aller* Einteilchenfunktionen $\Psi_i^{(C)} = |n, l, m_l, m_s\rangle$ des COULOMB-Systems. Ist die zu $\xi(\boldsymbol{r}_i)\,\hat{\boldsymbol{l}}_i \cdot \hat{\mathbf{s}}_i$ gehörige Energie genügend klein, kann man sie näherungsweise als Linearkombination von Eigenfunktionen *einer* Unterschale (n, l) darstellen. Ihre Berechnung erfolgt analog zur Ermittlung der Multiplettaufspaltung in RUSSEL-SAUNDERS-Kopplung und führt ebenfalls zu (2.8). Die Einelektronenenergien hängen daher außer von n und l auch von j, nicht jedoch von m_j ab:

$$\varepsilon_i = \varepsilon_i(n, l, j_i). \tag{2.11}$$

Die Gesamtenergie einer Konfiguration γ ist wegen der vernachlässigten Elektron-Elektron-Wechselwirkung $\hat{H}'_{ee}$ die Summe der Einelektronenenergien aller beteiligten Elektronen; eine Konfiguration spaltet also zunächst in Terme auf, die man analog zu (2.5) in der Form

$$[\gamma, j_1, j_2, \ldots j_N] = (1\mathrm{s}_{1/2})^{z(1\mathrm{s}_{1/2})}(2\mathrm{s}_{1/2})^{z(2\mathrm{s}_{1/2})}(2\mathrm{p}_{1/2})^{z(2\mathrm{p}_{1/2})}\ldots \tag{2.12}$$

schreiben kann. $z(n, l, j_i) \leqq 2j_i + 1$ ist die Zahl der in der Konfiguration enthaltenen Elektronen mit j_i, sie ist bei äquivalenten Elektronen im allgemeinen geringer als die Maximalzahl $2j_i + 1$.

Eine Schale des $\hat{H}_{jj}$-Systems enthält

1 Unterschale $\left(n, l = 0, j = \dfrac{1}{2}\right)$ mit 2 Zuständen und für $l \neq 0$

$2 \cdot (l-1)$ Unterschalen $\left(n, l, j+ = l + \frac{1}{2}\right)$ bzw. $\left(n, l, j- = l - \frac{1}{2}\right)$ mit $2j_+ + 1 = 2l + 1$ bzw. $2j_- + 1 = 2l - 1$ jeweils energetisch gleichwertigen Zuständen.

Jede Unterschale $(n, l \neq 0)$ des EWF-Systems zerfällt also im $\hat{H}_{jj}$-System in zwei energetisch benachbarte spin-bahn-aufgespaltene Unterschalen (n, l, j) mit den Bezeichnungen der Tabelle 2.1.

Tabelle 2.1.
Schalenbezeichnung bei Spin-Bahn-Kopplung

Spektroskopische Bezeichnung (l_j)	$s_{1/2}$	$p_{1/2}$	$p_{3/2}$	$d_{3/2}$	$d_{5/2}$	…
Entartungsgrad $(2j+1)$	2	2	4	4	6	…
Röntgenspektroskopische Bezeichnung fur						
$n = 1$	K					
2	L_I	L_{II}	L_{III}			
3	M_I	M_{II}	M_{III}	M_{IV}	M_V	
4	N_I	N_{II}	N_{III}	N_{IV}	N_V	…

Berücksichtigt man in einem zweiten Schritt die Elektron-Elektron-Wechselwirkung $\hat{H}'_{ee}$, so erhält man auch in diesem Kopplungsschema die Eigenzustände $\Psi_N^{\text{frei}} = |\gamma, J, Jz\rangle$ von $\hat{H}_{\text{frei}}$, diesmal aber näherungsweise als Linearkombinationen von j-j-Zuständen als Multipletts der Form $[\gamma, j_1, j_2, \dots j_N]_J$, deren Energie außer von γ und den j_i auch vom Gesamtdrehimpuls J, nicht jedoch von J_z abhängt und die demzufolge $(2J+1)$-fach entartet sind. Die Multiplettzustände Ψ_N^{frei} enthalten in dieser Näherung im allgemeinen Zustände mit unterschiedlichen L- und S-Werten.

Abb. 2.2 zeigt als Beispiel die Multiplettstruktur der Konfiguration p^2; auch hier entstehen wie in Abb. 2.1 zwei Terme mit $J = 0$, einer mit $J = 1$ und zwei mit $J = 2$, die energetische Lage ist aber unterschiedlich.

Intermediäre Kopplung bedeutet, daß $\hat{H}_{s0}$ und $\hat{H}'_{ee}$ gleichrangig behandelt werden, d. h., man geht sofort von den Einelektronenzuständen $|n, l, m_l, m_s\rangle$ des EWF-Systems zu den Zuständen $|\gamma, J, m_J\rangle$ des freien Ions über. Das Verfahren ist rechentechnisch aufwendig (es sind Matrizen beträchtlicher Größe zu diagonalisieren), bietet aber ansonsten keine grundsätzlichen Schwierigkeiten.

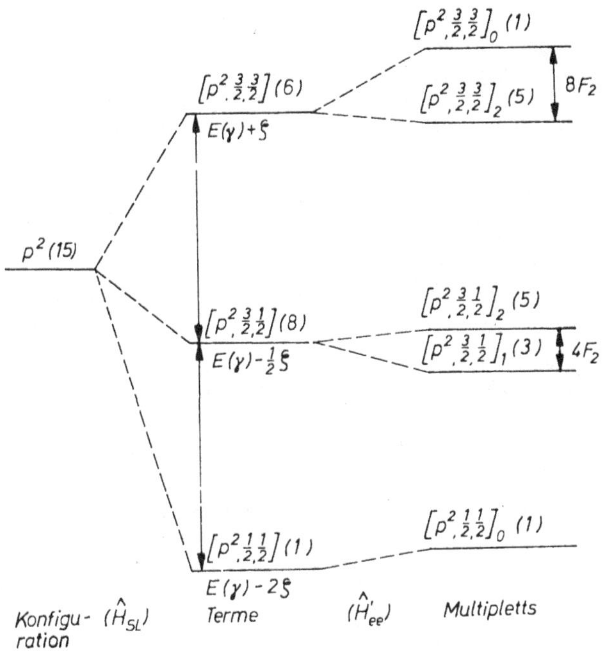

Abb. 2.2. Terme und Multipletts der Konfiguration p^2 in j-j-Kopplung

2.1.3. *Kristallfeldtheorie* [S 5, S 8, S 10]

Die Wechselwirkung der lokalisierten Elektronen des Ions mit der Umgebung wird durch $\hat{H}_{kr} = -\sum_{i=1}^{N} eV_i(\boldsymbol{r}_i)$ beschrieben. $V_i(\boldsymbol{r}_i)$ hat die Symmetrie der lokalen Umgebung des Ions (Punktsymmetrie des Einbauortes) und kann stets nach Kugelfunktionen entwickelt werden:

$$V(\boldsymbol{r}) = \sum_{l} \sum_{m=-l}^{+l} V_{lm}(r)\, Y_l^m(\vartheta, \varphi) = \sum_{l} \sum_{m=-l}^{+l} B_{lm} r^l Y_l^m(\vartheta, \varphi). \quad (2.13)$$

Die drei Störglieder $\hat{H}'_{ee}$, $\hat{H}_{s0}$ und $\hat{H}_{kr}$ liefern Beiträge unterschiedlicher Größenordnung zur Energie der Elektronenzustände des EWF-Systems. Es ist daher sinnvoll, die Störungstheorie wie im Fall der freien Ionen stufenweise durchzuführen und drei Fälle zu unterscheiden:

1. Schwaches Kristallfeld ($\hat{H}_{s0} \gg \hat{H}_{kr}$)
   Dieser Fall liegt bei den 4f-Elektronen der Seltenen Erden vor, die einerseits durch äußere Elektronen relativ gut gegen elektrische Felder abgeschirmt sind, andererseits große Spin-Bahn-Wechselwirkung haben.
2. Mittleres Kristallfeld ($\hat{H}'_{ee} \gg \hat{H}_{kr} \gg \hat{H}_{s0}$)
   Dieser Fall liegt häufig bei Ionenbindung vor und ist charakteristisch für 3d-Elemente.
3. Starkes Kristallfeld ($\hat{H}_{kr} \gg \hat{H}'_{ee} \gg \hat{H}_{s0}$)
   Dieser Fall liegt bei starker (kovalenter) Wechselwirkung mit der Umgebung vor, insbesondere bei 4d- und 5d-Elektronen.

Ist ein schwaches Kristallfeld vorhanden, geht man von der Termstruktur des freien Ions aus und berücksichtigt das Kristallfeld störungstheoretisch. Bei mittlerem Kristallfeld ist der Ausgangspunkt die Termstruktur des Coulomb-Systems (freies Ion ohne Spin-Bahn-Wechselwirkung), anschließend wird das Kristallfeld und als letztes die Spin-Bahn-Wechselwirkung erfaßt. Im Fall des starken Kristallfeldes ist $\hat{H}_{kr}$ vorrangig zu behandeln, anschließend wird die Elektron-Elektron-Wechselwirkung und als letztes die Spin-Bahn-Wechselwirkung berücksichtigt.

Alle drei Methoden führen bei vollständiger Durchführung zum gleichen Resultat, bei nur teilweiser Berücksichtigung der Störglieder erhält man unterschiedliche Ergebnisse, die jedoch zur Erklärung der experimentellen Befunde oft bereits ausreichen.

2.1.3.1. *Schwaches Kristallfeld*

Im Fall des schwachen Kristallfeldes werden die Eigenfunktionen von $\hat{H} = \hat{H}_{frei} + \hat{H}_{kr}$ näherungsweise als Linearkombinationen der Eigenfunktionen eines Multipletterms $^{(2S+1)}L_J$ des freien Ions geschrieben. Die von $\hat{H}_{kr}$ verursachte Zusatzenergie bewirkt Verschiebungen und Aufspaltungen der Multipletterme des freien Ions in die *Kristallfeldterme* des Ions im Kristall. Qualitativ können Zahl und Entartungsgrad der aus einem Multipletterm hervorgehenden *Kristallfeldterme* durch gruppentheoretische Überlegungen bestimmt werden.

Quantitative Berechnungen erfordern Matrixdiagnonalisierungen, als deren Ergebnis man die Kristallfeldenergien $E\ (\gamma, L, S, J, \Gamma_n)$ der Kristallfeldterme in Abhängigkeit von den Potentialparametern B_{lm} der Gleichung (13) erhält. Γ_n ist dabei eine Quanten-

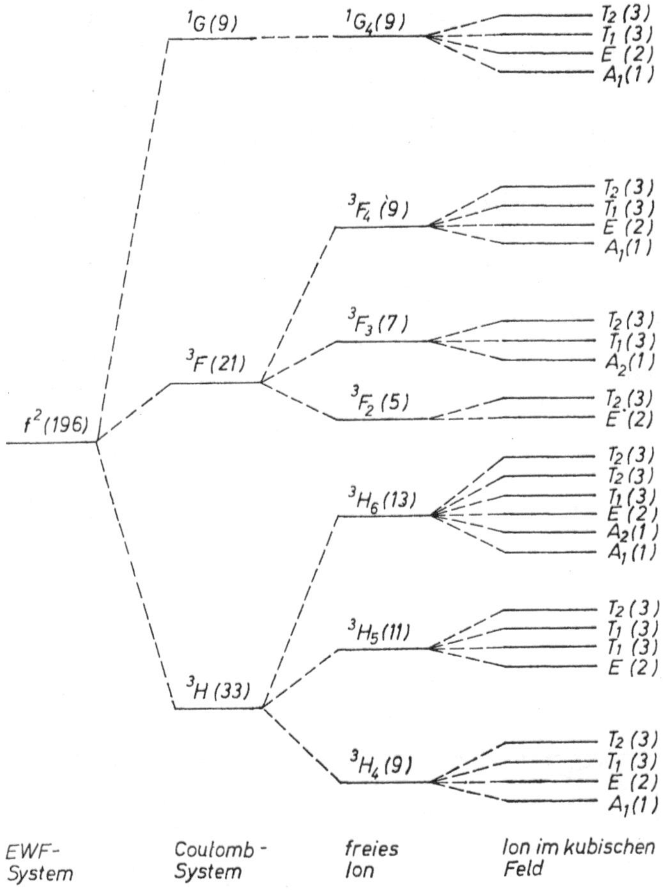

Abb. 2.3. Schema der Aufspaltung der tiefsten Terme eines f^2-Systems (Pr^{3+}) im schwachen Kristallfeld [S 38]. $A_1 \triangleq \Gamma_1$, $A_2 \triangleq \Gamma_2$, $E \triangleq \Gamma_3$, $T_1 \triangleq \Gamma_4$ und $T_2 \triangleq \Gamma_5$ sind die irreduziblen Darstellungen der Oktaedergruppe

zahl, die die Platzsymmetrie des Ions im Kristall widerspiegelt. Verschiedene Funktionen zum gleichen Γ_n werden auch als Funktionen der Rasse Γ_n bezeichnet. Abb. 2.3 zeigt dies schematisch für den Fall eines Pr^{3+}-Ions in kubischer Umgebung.

Erreicht die Kristallfeldaufspaltung die Größenordnung der Multiplettaufspaltung, so treten *Termwechselwirkungen* zwischen

Funktionen gleicher Rasse Γ_n, die zu unterschiedlichen Termen J gehören, auf. Die Kristallfeldenergien $E(\gamma, L, S, J, \Gamma_n)$ ändern sich dann nichtlinear mit den B_{lm}.

2.1.3.2. *Mittleres Kristallfeld*

In diesem Falle ist $\hat{H}_{kr}$ vor der Störung des COULOMB-Systems $\hat{H}_c$ durch die Spin-Bahn-Wechselwirkung $\hat{H}_{s0}$ zu berucksichtigen, daher werden zunächst die Eigenfunktionen von $\hat{H}_c + \hat{H}_{kr}$ näherungsweise als Linearkombinationen der Eigenfunktionen $\Psi_N{}^C = |\gamma, L, S, M_L, M_S\rangle$ eines Terms $^{(2S+1)}L$ des COULOMB-Systems geschrieben. Qualitative gruppentheoretische Überlegungen und quantitative Berechnungen verlaufen ansonsten völlig analog zum Vorgehen bei schwachem Kristallfeld und liefern hier Kristall-

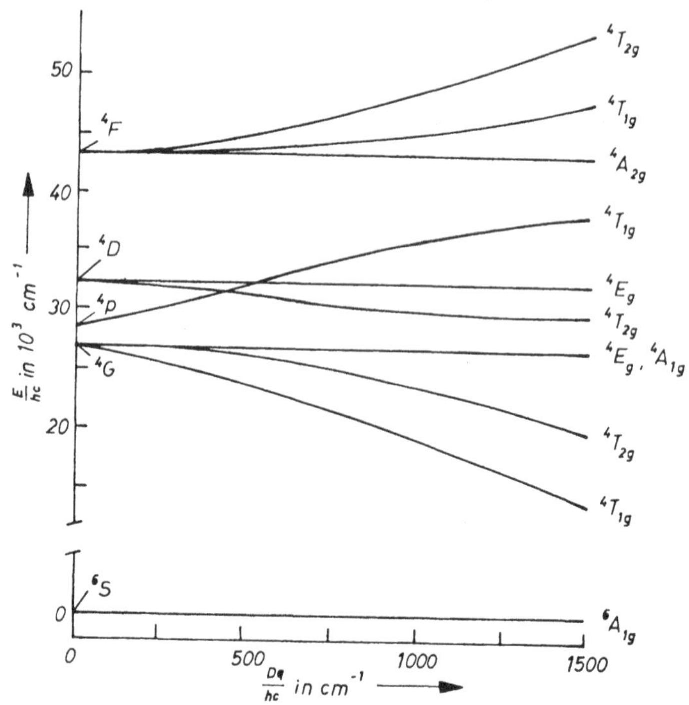

Abb. 2.4. Termdiagramm der Quartett-Terme der Konfiguration d^5 (z. B. Mn^{2+}) im mittleren Kristallfeld kubischer Symmetrie. Dq ist ein Maß fur die Stärke des Kristallfelds (nach [128])

feldterme der Form $^{(2S+1)}L(\Gamma_n)$ mit J-unabhängigen Kristallfeldenergien $E(\gamma, L, S, \Gamma_n)$. Auch hier bewirken genügend starke Kristallfelder *Termwechselwirkungen* zwischen Funktionen gleicher Rasse, die verschiedenen Termen mit gleicher Multiplizität entstammen, was zu nichtlinearer Abhängigkeit der Termenergien von den Kristallfeldparametern führt (Abb. 2.4).

Für genauere Betrachtungen ist noch die Spin-Bahn-Kopplung zu berücksichtigen. Dazu übernimmt man näherungsweise die im kugelsymmetrischen Potential gültige Form

$$\hat{H}_{s0} = \xi(r)\, \hat{\boldsymbol{l}} \cdot \hat{\mathbf{s}} \tag{2.14}$$

und führt eine Störungsrechnung durch. Man erhält ähnlich wie im freien Ion Multiplettaufspaltungen (Abb. 2.5).

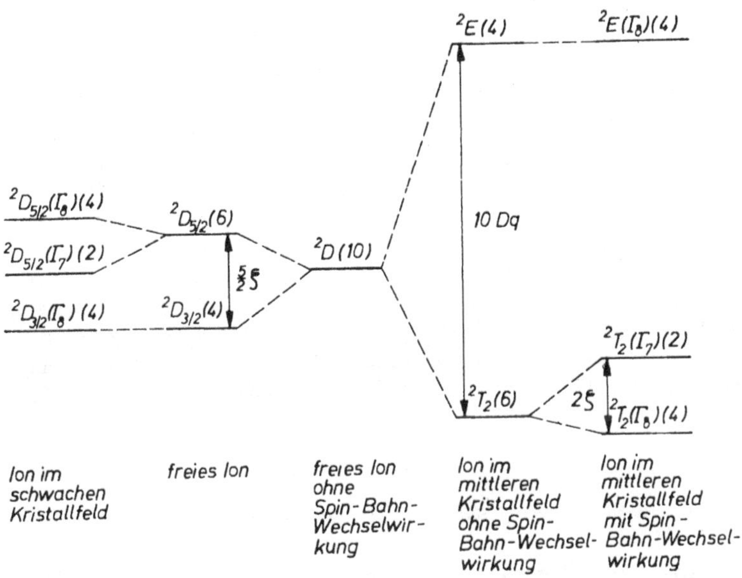

Abb. 2.5. Aufspaltung des ^{2}D-Terms eines d^1-Systems (z. B. Ti^{3+}) im kubischen Kristallfeld. ^{2}D ist 5fach bahnentartet, die zugehorigen Bahnfunktionen sind $\psi_\alpha = |2, m_l\rangle$ mit $m_l = 0, \pm 1, \pm 2$. ^{2}E ist 2fach bahnentartet mit $d\varepsilon_1 = |2, 0\rangle$ und $d\varepsilon_2 = \frac{1}{\sqrt{2}}(|2, 2\rangle + |2, -2\rangle)$, $^3T_2$ ist 3fach bahnentartet mit $d\gamma_1 = \frac{1}{\sqrt{2}}(|2, 2\rangle - |2, -2\rangle)$, $d\gamma_2 = |2, 1\rangle$ und $d\gamma_3 = |2, -1\rangle$.

Qualitativ ergibt sich bei dem Vorgehen nach der Methode des mittleren Kristallfeldes natürlich die gleiche Termklassifizierung wie nach der Methode des schwachen Kristallfeldes; quantitativ entstehen wegen der Vernachlässigung unterschiedlicher Matrixelemente Abweichungen in den Termenergien.

2.1.3.3. *Starkes Kristallfeld*

In diesem Falle ist $\hat{H}_{\mathrm{kr}}$ *vor* dem Einfluß der Elektron-Elektron-Wechselwirkung $\hat{H}'_{\mathrm{ee}}$ zu berücksichtigen, d. h., die Elektronen unterliegen einzeln dem Kristallfeldeinfluß.

Unterwirft man ein System mit einem d-Elektron einem kubischen Kristallfeld, so spaltet der d-Term in die beiden Zustände e und t_2 auf[1]) (Abb. 2.5). Ein EWF-System mit N d-Elektronen enthält demzufolge *Kristallfeldkonfigurationen* der Form

$$(\mathrm{e})^{N_1}(\mathrm{t}_2)^{N_2} \quad (N_1 + N_2 = N)\,. \tag{2.15}$$

Unter dem Einfluß der Elektron-Elektron-Wechselwirkung $\hat{H}'_{\mathrm{ee}}$ mischen sich die Wellenfunktionen gleicher Rasse, die aus unterschiedlichen Kristallfeldkonfigurationen hervorgehen (sog. *Konfigurationswechselwirkung*), man erhält so die gleichen Kristallfeldterme $^{(2S+1)}\mathrm{L}(\Gamma_n)$ wie im Falle des mittleren Kristallfeldes. Abb. 2.6 zeigt dies schematisch für den Fall des d^2-Systems. Für alle d-Elektronen-Systeme in kubischer Symmetrie sind die entsprechenden Rechnungen in [2] ausgeführt und in Form der TANABE-SUGANO-Diagramme (Abb. 6.7) dargestellt; für niedere Symmetrien findet man analoge Darstellung in [S 12]. Die Spin-Bahn-Kopplung kann erforderlichenfalls wie im Falle des mittleren Kristallfeldes als letztes berücksichtigt werden.

2.2. *Einelektronenzustände der Valenz- und Leitungselektronen*

Valenz- und Leitungselektronen sind nicht mehr einzelnen Gitterbausteinen zuzuordnen, sondern gehören dem ganzen Festkörper an; sie befinden sich in räumlich ausgedehnten (itineranten) Zuständen, die energetisch eng benachbart sind. Infolge der großen Zahl vorhandener Elektronen(zustände) ist häufig nicht mehr der individuelle Zustand, sondern die *Zustandsdichte* (Zahl der Elek-

---

[1]) Kleine Symbole bedeuten Einelektronenzustände.

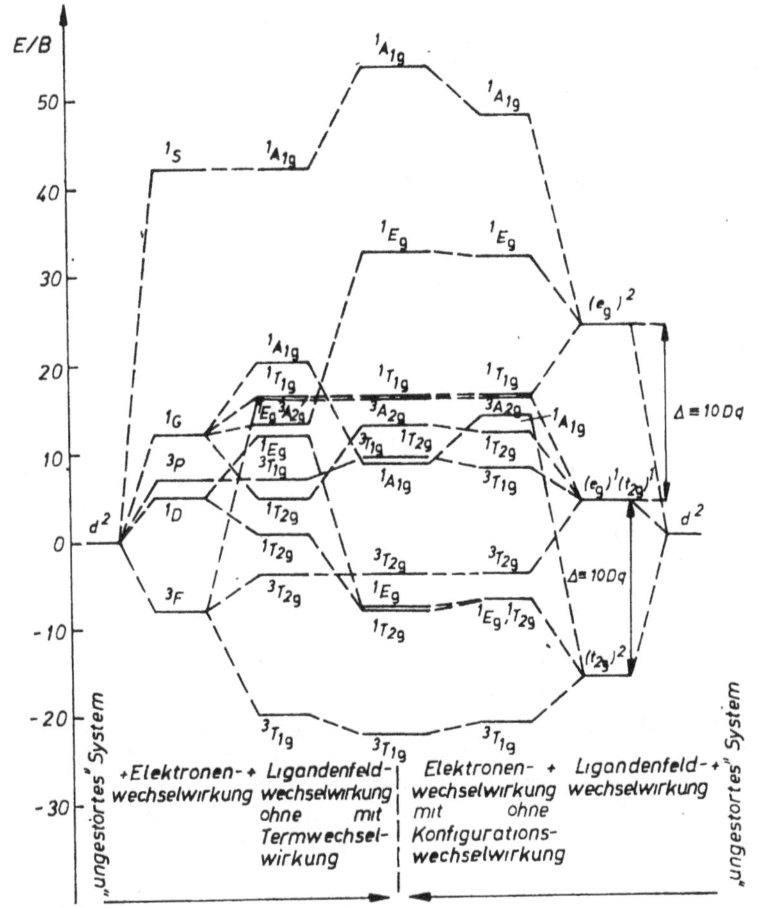

Abb. 2.6. Aufspaltung der Terme eines d²-Systems (z. B. V^{3+}) im kubischen Kristallfeld (links schwaches, rechts starkes Kristallfeld)

tronenzustände pro Energieintervall) maßgebend für die Beschreibung der Elektronenstruktur.

Die Berechnungsmethoden wurden zunächst für Idealkristalle (unendlich ausgedehnte räumlich periodische Anordnungen von Gitterbausteinen) entwickelt und von da auf kompliziertere Systeme übertragen.

2.2.1. *Elektronenstruktur des Idealkristalls* [L 8, S 15]

In der Betrachtungsweise der Einelektronennäherung bewegt sich ein herausgegriffenes Elektron im Idealkristall in einem gitterperiodischen Potential $V_G(\boldsymbol{r})$, das sich aus dem Potential der Ionenrümpfe und dem (gemittelten) Potential der übrigen Elektronen zusammensetzt; damit ist auch der Hamilton-Operator

$$\hat{H}_G = \frac{\hat{p}^2}{2m} + V_G(\boldsymbol{r}) \tag{2.16}$$

gitterperiodisch.

Da sich $\hat{H}_G$ demzufolge bei Verschiebung des Ursprungs um einen Gittervektor $\boldsymbol{R} = \sum_{i=1}^{3} n_i \cdot \boldsymbol{a}_i$ ($\boldsymbol{a}_i$ sind die Basisvektoren) nicht ändert, kann man als Eigenzustände Funktionen wählen, die gleichzeitig Eigenfunktionen aller Translationsoperatoren $\hat{\boldsymbol{T}}_{\boldsymbol{R}}$ sind, wobei $\hat{\boldsymbol{T}}_{\boldsymbol{R}}\varphi(\boldsymbol{r}) = \varphi(\boldsymbol{r} + \boldsymbol{R})$ gilt. Diese Eigenfunktionen heißen *Bloch-Funktionen* und haben die Form gitterperiodisch modulierter ebener Wellen

$$\Psi_{n\boldsymbol{k}}(\boldsymbol{r}) = |n, \boldsymbol{k}\rangle + u_{n\boldsymbol{k}}(\boldsymbol{r})\,\mathrm{e}^{i\boldsymbol{k}\boldsymbol{r}}, \tag{2.17}$$

wobei $u_{n\boldsymbol{k}}(\boldsymbol{r} + \boldsymbol{R}) = u_{n\boldsymbol{k}}(\boldsymbol{r})$ gitterperiodisch ist. $\boldsymbol{k}$ ist ein Vektor des reziproken Raumes (für freie Elektronen ist $\boldsymbol{k}$ der Wellenzahlvektor), die Quantenzahl n heißt Bandindex und numeriert für festes $\boldsymbol{k}$ die zugehörigen Energiewerte $\varepsilon_n(\boldsymbol{k})$ in aufsteigender Folge.

Dem Kristallgitter im Ortsraum mit den Basisvektoren $\boldsymbol{a}_i$ ($i = 1, 2, 3$) entspricht im reziproken Raum ein *reziprokes Gitter* mit den Basisvektoren $\boldsymbol{b}_j$ ($j = 1, 2, 3$), so daß gilt

$$\boldsymbol{a}_i \cdot \boldsymbol{b}_j = 2\pi \cdot \delta_{ij} \qquad (\delta_{ij}\ \textit{Kronecker}\text{-Symbol}). \tag{2.18}$$

Jeder Vektor $\boldsymbol{K}$ des reziproken Gitters hat die Form

$$\boldsymbol{K} = \sum_{j=1}^{3} p_j \cdot \boldsymbol{b}_j, \tag{2.19}$$

und es gilt

$$\boldsymbol{K} \cdot \boldsymbol{R} = 2\pi \cdot \sum_{j=1}^{3} n_i p_i = 2\pi \cdot (\text{ganze Zahl}). \tag{2.20}$$

Die totalsymmetrische primitive Elementarzelle (WIGNER-SEITZ-Zelle) des reziproken Gitters heißt (erste) *Brillouin-Zone*, sie hat das Volumen $(2\pi)^3/\Omega_0$, wobei Ω_0 das Volumen der primitiven Elementarzelle des direkten Gitters ist. Ebenso wie bei der WIGNER-SEITZ-Zelle ist ihre Form allein durch die Translationssymmetrie des Gitters bestimmt. Für alle kubisch-flächenzentrierten Gitter (das reziproke Gitter dazu ist kubisch-raumzentriert) hat sie die in Abb. 2.7 dargestellte Form.

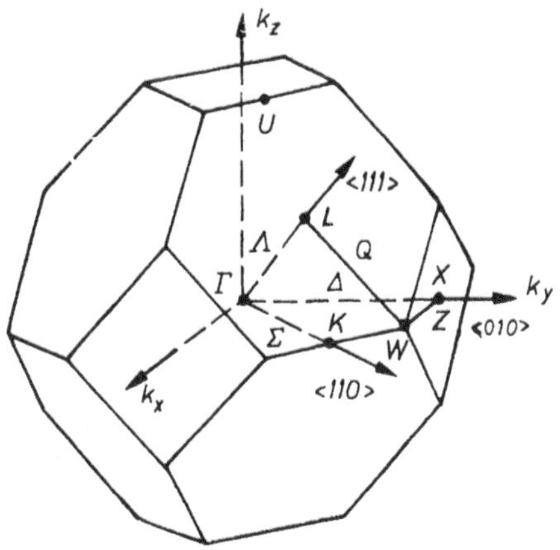

Abb. 2.7. BRILLOUIN-Zone des kubisch flächenzentrierten Gitters. Das zugehörige reziproke Gitter ist kubisch raumzentriert; den gezeichneten Kubooktaeder erhält man, indem man von einem Punkt des reziproken Gitters ausgehend alle Verbindungsgeraden zu nächsten und übernächsten Nachbarn konstruiert und diese durch senkrechte Flächen halbiert.

Zustände mit $\boldsymbol{k}$ und $\boldsymbol{k} + \boldsymbol{K}$ haben wegen $\exp(i\boldsymbol{K}\boldsymbol{R}) = 1$ die gleiche Translationssymmetrie (gleiche Eigenwerte $\exp(i\boldsymbol{k}\boldsymbol{R})$ aller Operatoren $\hat{\boldsymbol{T}}_{\boldsymbol{R}}$), daher kann man den Definitionsbereich von $\boldsymbol{k}$ auf die (reduzierten) $\boldsymbol{k}$-Vektoren innerhalb der BRILLOUIN-Zone beschränken (sog. reduziertes Zonenschema); es ist aber auch möglich, $\boldsymbol{k} = \boldsymbol{k}_{\text{red}} + \boldsymbol{K}$ unbeschränkt zu lassen (sogenanntes ausgebreitetes Zonenschema) und $\boldsymbol{K}$ anstelle des Bandindex n zu benutzen.

Um die Eigenfunktionen normieren und die Eigenwerte abzählen zu können, legt man ein *Grundgebiet* (Normierungsvolumen) $\Omega = G^3\Omega_0$ aus G^3 Elementarzellen fest und führt aus rechentechnischen Gründen *periodische Randbedingungen* ein; jede Ortsfunktion $\varphi(\boldsymbol{r})$ soll die Periodizität des Grundgebiets haben, d. h., es soll gelten

$$\varphi(\boldsymbol{r} + G\boldsymbol{a}_i) = \varphi(\boldsymbol{r}) \quad \text{für } i = 1, 2, 3. \tag{2.21}$$

Für BLOCH-Funktionen folgt daraus $G\boldsymbol{k} \cdot \boldsymbol{a}_i = 2\pi m_i$ (m_i ganz) bzw. $\boldsymbol{k} = \sum_{i=1}^{3} \frac{m_i}{G} \cdot \boldsymbol{b}_i$, wobei G eine genügend große Zahl ist. Damit erhält man in der BRILLOUIN-Zone eine engmaschige Gitterstruktur: G^3 Zustände sind im Volumen $\frac{(2\pi)^3}{\Omega_0}$ äquidistant verteilt, die Zustandsdichte in $\boldsymbol{k}$-Raum beträgt $\varrho_{\boldsymbol{k}} = \frac{\Omega}{(2\pi)^3}$ (vgl. Abb. 2.8).

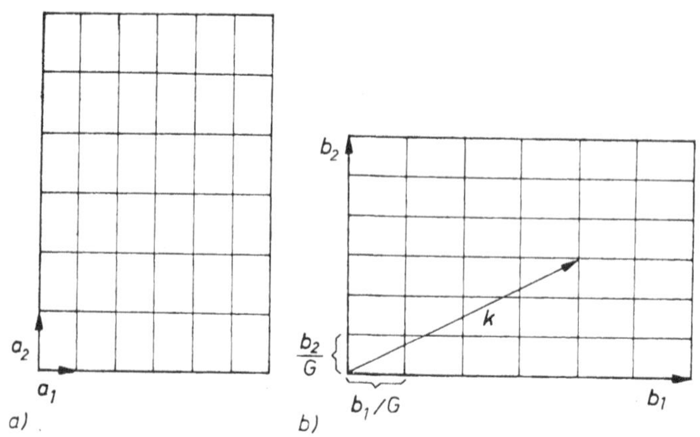

Abb. 2.8. a) Grundgebiet (Volumen $\Omega = G^3 \cdot \Omega_0$) des direkten Gitters, b) Elementarzelle des zugehörigen reziproken Gitters mit einem erlaubten $\boldsymbol{k}$-Vektor: $\boldsymbol{k} = \frac{1}{G} \cdot (p_1\boldsymbol{b}_1 + p_2\boldsymbol{b}_2)$

Die Einelektronenenergien $\varepsilon_n(\boldsymbol{k})$ bilden bei festem $\boldsymbol{k}$ eine diskrete Folge erlaubter Zustände; bei festem n ist die Energie eine quasikontinuierliche Funktion von $\boldsymbol{k}$, die als *Energieband* bezeichnet wird, alle Bänder gemeinsam bilden die *Bandstruktur* des Festkörpers.

Für eine graphische Veranschaulichung der Bandstruktur bieten sich folgende Möglichkeiten:

— Auftragen von $\varepsilon_n(\boldsymbol{k})$ längs ausgewählter $\boldsymbol{k}$-Richtungen (Abb. 2.9): Man erhält Darstellungen von hohem Informationsgehalt, da die physikalisch bedeutsamen Bandextrema oft auf den bevorzugt gewählten hochsymmetrischen Linien im $\boldsymbol{k}$-Raum liegen.

— Einzeichnen von isoenergetischen Flächen $\varepsilon_n(\boldsymbol{k}) = \text{const}$ in die BRILLOUIN-Zone (Abb. 2.10). Diese Darstellung bringt gut die Symmetrieverhältnisse, weniger deutlich die energetischen

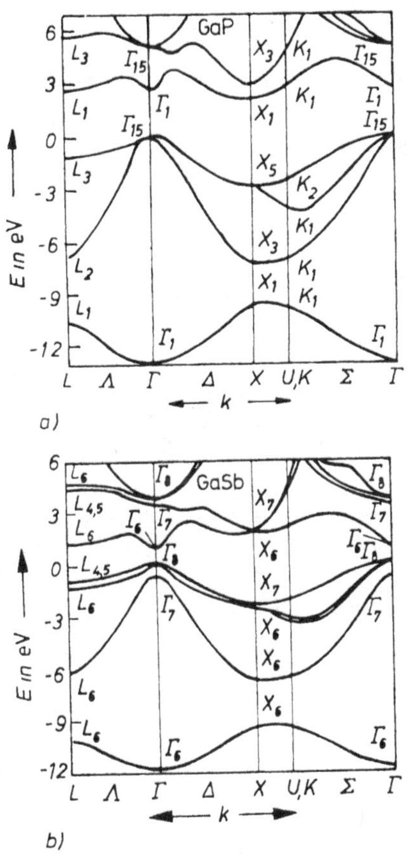

Abb. 2.9. Bandstrukturen von Zinkblendekristallen mit
a) nichtrelativistischer und
b) relativistischer Bezeichnung der Bänder [15]

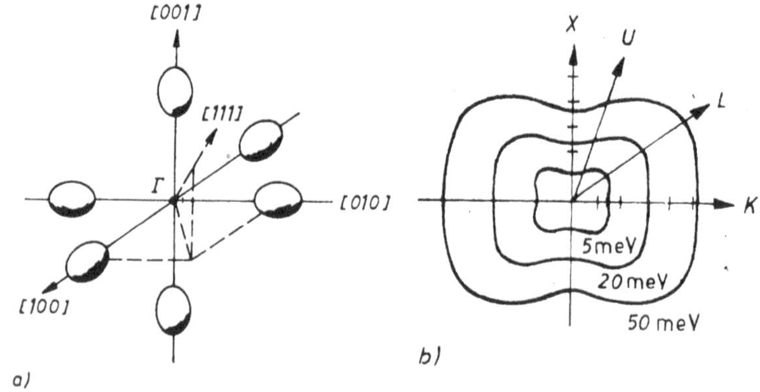

Abb. 2.10. Isoenergetische Flächen in der Umgebung von Bandextrema. a) Mehrtalhalbleiter, Leitungsbandminimum in [001]-Richtung des **k**-Raums (z. B. Si), b) Band der schweren Löcher in GaAs: Schnitt mit der (110)-Ebene. K, L, U, X markieren die Richtungen zu den entsprechenden Punkten der BRILLOUIN-Zone.

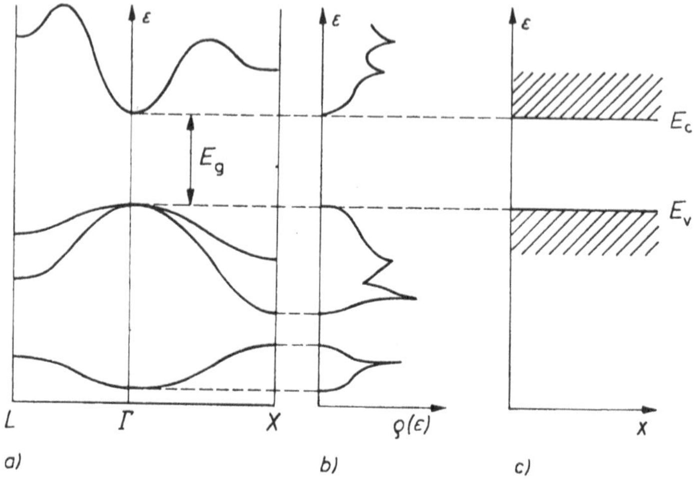

Abb. 2.11. Schematische Darstellung des Zusammenhangs von a) Bandstruktur, b) Zustandsdichte und c) Bändermodell

Verhältnisse, zum Ausdruck; sie bleibt im allgemeinen nur übersichtlich, wenn man sich auf ein Band beschränkt.

— Darstellung der energetischen Zustandsdichte (Abb. 2.11). Verzichtet man darauf, die Quantenzahl $\boldsymbol{k}$ in die Veranschaulichung einzubeziehen, so ist die Zustandsdichte $\varrho_n(\varepsilon)$ des n-ten Bandes (bzw. die gesamte Zustandsdichte $\varrho(\varepsilon) = \sum_n \varrho_n(\varepsilon)$) die geeignete Größe. $\varrho_n(\varepsilon) \cdot \mathrm{d}\varepsilon$ ist die Zahl der erlaubten Zustände des n-ten Bandes im Energieintervall zwischen ε und $\varepsilon + \mathrm{d}\varepsilon$. $\varrho_n(\varepsilon)$ läßt sich aus $\varepsilon_n(\boldsymbol{k})$ berechnen:

$$\varrho_n(\varepsilon) = 2 \cdot \sum_{\boldsymbol{k}} \delta\big(\varepsilon - \varepsilon_n(\boldsymbol{k})\big) = 2 \cdot \frac{\Omega}{8\pi^3} \int \frac{\mathrm{d}\sigma}{|\mathrm{grad}_{\boldsymbol{k}}\, \varepsilon_n(\boldsymbol{k})|}. \tag{2.22}$$

Das Integral ist über die isoenergetische Fläche $\varepsilon_n(\boldsymbol{k}) = \varepsilon$ zu erstrecken; der Faktor 2 berücksichtigt die beiden möglichen Spineinstellungen (zur Berechnung s. z. B. [L 10], Abschn. 5.7.).

Summiert man in (2.22) nicht über alle Zustände, sondern nur über die bestimmter Symmetrie (z. B. die s- oder die p-artigen Zustände), so erhält man sogenannte *partielle Zustandsdichten*, die insbesondere für die Interpretation von Röntgenspektren (s. Abschn. 5.1.) herangezogen werden.

— Darstellung der Lage der Bandkanten E_v und E_c (Abb. 2.11). In dieser stark schematisierten Darstellung hat die Abszisse zunächst keine Bedeutung; meist ordnet man ihr eine Ortskoordinate zu. Dieses so vereinfachte *Bänderschema* gestattet dann auch die Darstellung räumlich lokalisierter Zustände und wird in breitem Umfang für die Diskussion räumlich inhomogener Probleme herangezogen, insbesondere für Oberflächenprobleme (vgl. Abb. 2.19) und den Trägertransport in Halbleiterbauelementen [L 10].

Sind Bandstruktur und Wellenfunktionen bekannt, so lassen sich daraus alle interessierenden elektronischen Größen berechnen, beispielsweise die Dielektrizitätsfunktion $\varepsilon_2(\omega)$, optische Spektren u. a. sowie die Elektronendichte. Letztere vermittelt einen guten Einblick in die chemischen Bindungsverhältnisse (Abb. 2.12) und ist ihrerseits Ausgangspunkt für die Berechnung von Röntgenbeugungsintensitäten u. a. Anstelle der totalen Valenzelektronen-

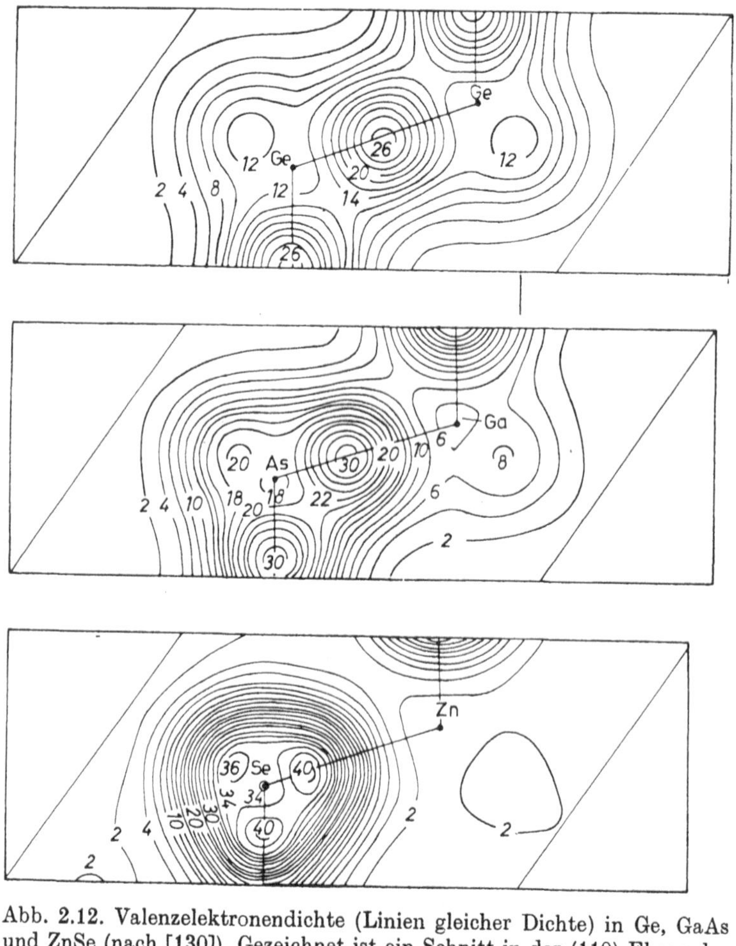

Abb. 2.12. Valenzelektronendichte (Linien gleicher Dichte) in Ge, GaAs und ZnSe (nach [130]). Gezeichnet ist ein Schnitt in der (110)-Ebene des direkten Gitters, der die Bindungsrichtungen enthält.

dichte kann man auch die den einzelnen Bändern zugeordneten partiellen Ladungsdichten analysieren.

Für die quantitative Berechnung von Bandstrukturen existiert eine Vielzahl von Verfahren und Verfahrensvarianten, deren Nutzung eng mit der verfügbaren Rechentechnik gekoppelt ist. Sie wurden vorwiegend für Kristalle mit Diamant- und Zinkblendestruktur angewandt [S 14], werden gegenwärtig jedoch auf immer kompliziertere Strukturen verallgemeinert.

Erste realistische Berechnungen für Diamant, Ge und Si [3, 4] benutzten atomare Potentiale und das bereits 1940 von HERRING [5] entwickelte OPW-Verfahren, bei dem die Wellenfunktionen der Valenz- und Leitungszustände nach ebenen Wellen entwickelt werden, die zu den Rumpfzuständen orthogonalisiert wurden (orthogonalized plane waves). Die Rechnung beschränkt sich meist auf hochsymmetrische Punkte der BRILLOUIN-Zone, für die gruppentheoretische Überlegungen [6, 7] erhebliche Vereinfachungen bewirken. Der Bandverlauf zwischen diesen Punkten wird durch Interpolationsverfahren (z. B. die sogenannte $k \cdot p$-Methode [8]) ermittelt.

Wesentliche Vereinfachungen brachte das *Pseudopotentialkonzept* [9, 10, 11]. Dabei ersetzt man den Einfluß der Rumpfelektronen auf die Valenz- und Leitungszustände durch ein abstoßendes Potential (Repulsionspotential), das das stark anziehende Rumpfpotential weitgehend kompensiert. Die Summe aus Rumpf- und Repulsionspotential ist das auf die Valenzelektronen wirkende weit schwächere Pseudopotential, das streng genommen nichtlokal (abhängig von Drehimpuls des betreffenden Valenzzustandes) ist, häufig jedoch als rein ortsabhängig (lokal) betrachtet wird.

Die Parameter des Pseudopotentials kann man entweder empirisch bestimmen oder selbstkonsistent berechnen [12, 13] (Abb. 2.13). Mit der empirischen Pseudopotentialmethode in ihrer lokalen [14] und nichtlokalen [15] Variante sind bisher die umfangreichsten Bandstrukturberechnungen ausgeführt worden; derartige Rechnungen bildeten auch die Grundlage für das Erkennen chemischer Trends [16, 17, 18] und sind derzeit die zuverlässigste Grundlage für die Interpretation experimenteller Daten. Sie haben allerdings den prinzipiellen Nachteil, daß sie „Pseudowellenfunktionen" liefern, die sich insbesondere im Rumpfbereich völlig anders als echte Wellenfunktionen verhalten, was bei der Berechnung von Matrixelementen (z. B. für Übergangswahrscheinlichkeiten) zu beachten ist.

Parallel zu den Pseudopotentialmethoden sind — vor allem für Si — ständig verfeinerte selbstkonsistente First-Principles-Berechnungen (Allelektronenberechnungen) durchgeführt worden [19—23]. Sie benutzen lediglich die Gitterkonstante als empirischen Parameter und erfordern sehr hohen numerischen Aufwand, sind daher kaum auf kompliziertere Strukturen auszudehnen.

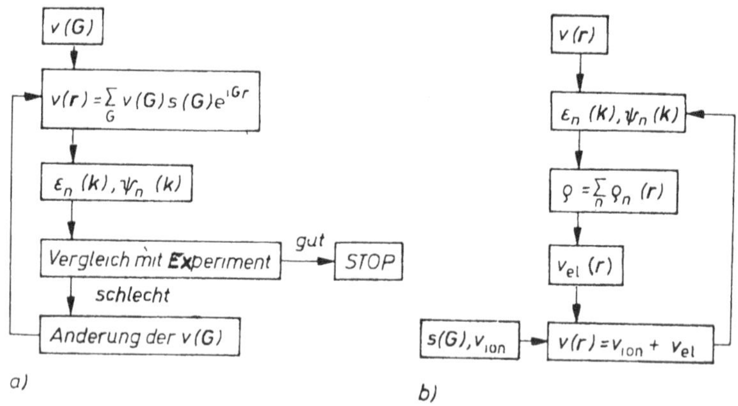

Abb. 2.13. Schema von Pseudopotentialberechnungen. a) Empirisches Pseudopotential (Formfaktoren $v(\boldsymbol{G})$ des atomaren Pseudopotentials als Anpaßparameter), b) selbstkonsistentes Pseudopotential (ohne Anpaßgrößen). Feste Eingangsgrößen sind in beiden Fällen die Gitterkonstante a_0 und die Gitterstruktur (über die Strukturfaktoren $s(\boldsymbol{G})$ für die Vektoren $\boldsymbol{G}$ des reziproken Gitters), im Falle b) außerdem das Potential v_{ion} der „nackten" (elektronisch nicht abgeschirmten) Ionen. $v_{\text{el}}(\boldsymbol{r})$ ist das elektronische Abschirmpotential, das sich mittels der POISSON-Gleichung aus der Ladungsdichte $\varrho(\boldsymbol{r})$ ergibt.

Neuere sogenannte normerhaltende Pseudopotentiale wurden auf der Grundlage des Dichtefunktionalformalismus [24] abgeleitet. Das Einelektronenpotential setzt sich dabei aus dem Potential der Atomrümpfe, dem COULOMB-Anteil der Elektronen

$$V_{\text{coul}}(\boldsymbol{r}) = \frac{1}{4\pi\varepsilon_0} \int \frac{\varrho(\boldsymbol{r}')}{|\boldsymbol{r}' - \boldsymbol{r}|} \, \mathrm{d}^3\boldsymbol{r}'$$

und einem Austausch- und Korrelationsanteil $V_{\text{xc}}(\varrho(\boldsymbol{r}))$ zusammen. Letzterer charakterisiert die quantenmechanischen Vielteilchenwechselwirkungen und ist ein (nicht genau bekanntes) Funktional der ortsabhängigen Elektronendichte $\varrho(\boldsymbol{r})$; in der Regel wird V_{xc} durch das (bekannte) Austauschkorrelationspotential V_{xc} eines homogenen Elektronengases gleicher Dichte approximiert (Lokaldichtenäherung).

Rechnungen auf dieser Basis liefern Grundzustandseigenschaften (Gesamtenergie, Elektronendichte, Kompressionsmodul u. a.) in guter Übereinstimmung mit experimentellen Daten. Sie reproduzieren auch im wesentlichen die Ergebnisse von Allelektronenrechnungen, liefern jedoch systematisch zu kleine Werte für die Breite der verbotenen Zone [25].

2.2.2. Oberflächen und Grenzflächen

Eine Oberfläche oder Grenzfläche (zwischen zwei Festkörpern) zerstört die dreidimensionale Kristallsymmetrie in Richtung senkrecht zur Oberfläche; dagegen bleibt bei reinen ungestörten Oberflächen (ohne Stufen, Defekte, Adsorbate usw.) eine zweidimensionale Translationssymmetrie parallel zur Oberfläche erhalten.

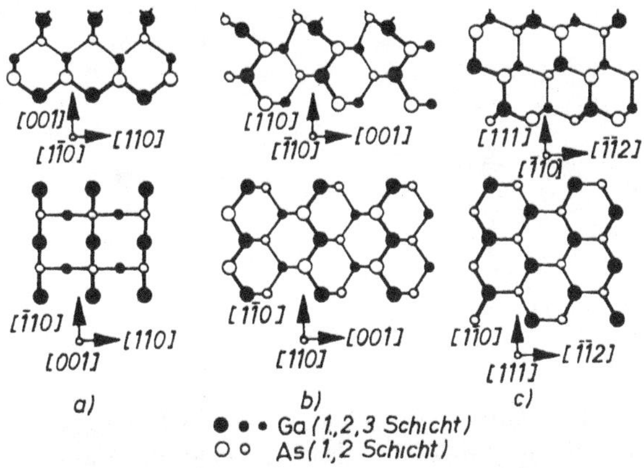

Abb. 2.14. Seitenansicht und Draufsicht von GaAs-Oberflächen (nach [103]). a) (001), b) (110), c) (111). Die Oberflächenrekonstruktion ist berücksichtigt.

Trotzdem erleiden die oberflächennahen Elementarzellen z. T. erhebliche Veränderungen durch Verschiebungen der Gitterbausteine (Abb. 2.14). Bleibt dabei die Translationssymmetrie der Oberfläche die gleiche wie die einer parallelen Netzebene im Volumen, so spricht man von (Oberflächen-)Relaxation. Oft vervielfacht sich jedoch infolge von Symmetrieerniedrigung die Größe der Oberflächenelementarzelle im Vergleich zur Volumenelementarzelle; dann bezeichnet man den Vorgang als Rekonstruktion [S 18], speziell als $n \times m$-Rekonstruktion, wenn die Elementarzelle in einer Richtung ver-n-facht, in einer anderen ver-m-facht wird.

Auf Grenzflächen sind diese Betrachtungen sinngemäß übertragbar, wenn Gitterstruktur und Gitterkonstante übereinstimmen oder wenigstens kommensurable Verhältnisse vorliegen; anderenfalls wird durch Anpassungsversetzungen oder andere Gitterstörungen die Translationssymmetrie zerstört.

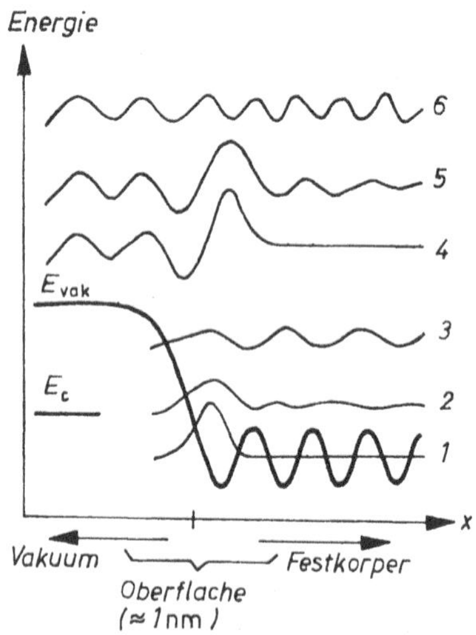

Abb. 2.15. Schematischer Verlauf von Potential und Wellenfunktionen in der Nahe einer Oberflache (nach [26]). 1 bis 3 — gebundene Zustände (Aufenthaltswahrscheinlichkeit im Vakuum verschwindet): 1 — echter Oberflachenzustand (im Gap), 2 — Oberflächenresonanz, 3 — normaler BLOCH-Zustand; 4 bis 6 — Streuzustände (Energie liegt im Kontinuum erlaubter Zustande des Vakuums)

Für die Klassifizierung der elektronischen Zustände eines halbunendlichen Festkörpers bedeutet das, daß die Energie ε_n (bzw. der Bandindex n) und der Wellenzahlvektor $\boldsymbol{k}_{\parallel}$ parallel zur Oberfläche geeignete Quantenzahlen sind, während die Komponente $\boldsymbol{k}_{\perp}$ des Wellenzahlvektors senkrecht zur Oberfläche ihre Bedeutung verliert.

Gegenüber dem homogenen Festkörper treten neuartige Lösungen der SCHRÖDINGER-Gleichung auf (Abb. 2.15); experimentell ist eine Unterscheidung zwischen Oberflächenzuständen und -resonanzen schwierig.

Der (zweidimensionalen) Oberflächenelementarzelle des Festkörpers entspricht im reziproken Raum eine Oberflächen-Brillouin-Zone. Zur Veranschaulichung der energetischen Verhältnisse projiziert man die Energien $\varepsilon_n(\boldsymbol{k}_{\|}, \boldsymbol{k}_{\perp})$ der Bloch-

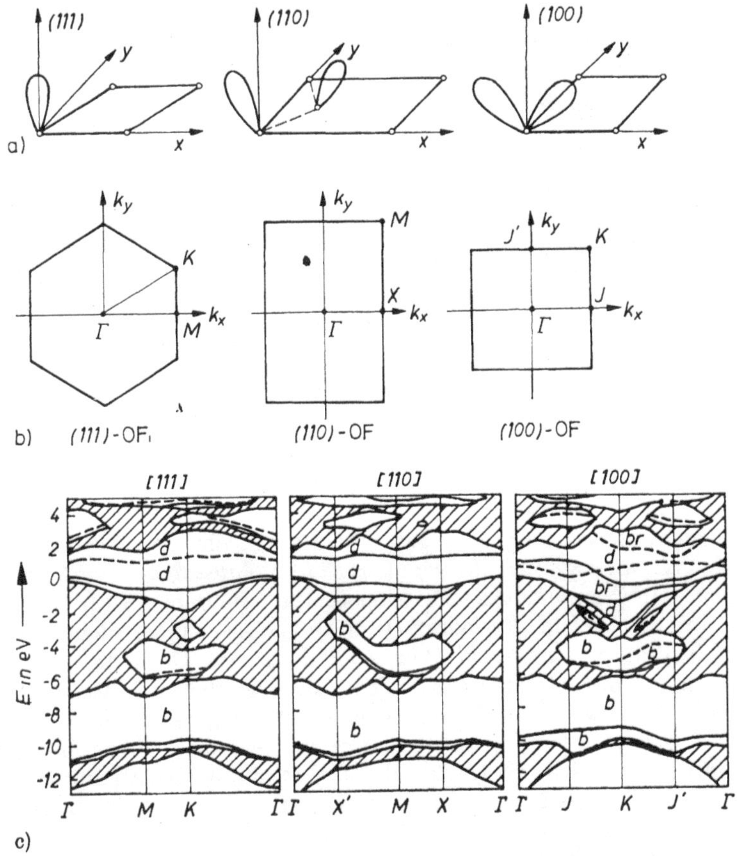

Abb. 2.16. Darstellung a) der Oberflächen-Elementarzelle, b) der zugehörigen Oberflächen-Brillouin-Zone und c) der Oberflächen-Bandstrukturen von GaAs. Freie Bindungen (dangling bonds), Rückwärtsbindungen (back bonds) und Brückenbindungen (bridge bonds) führen zu lokalisierten Oberflächenzuständen (nach [27]). Die ausgezogenen Kurven gelten fur As in der Oberflächenschicht (B-Seite), die gestrichelten für Ga (A-Seite).

Zustände des homogenen Festkörpers auf diese Oberflächen-Brillonin-Zone und erhält so zu jedem $\boldsymbol{k}_{\parallel}$ kontinuierliche Energiebereiche erlaubter Bloch-Zustände, getrennt durch verbotene Zonen. Außerdem können noch diskrete Oberflächenzustände bzw. -resonanzen auftreten. Abb. 2.16 veranschaulicht dies am Beispiel von drei Oberflächen von Ge und GaAs.

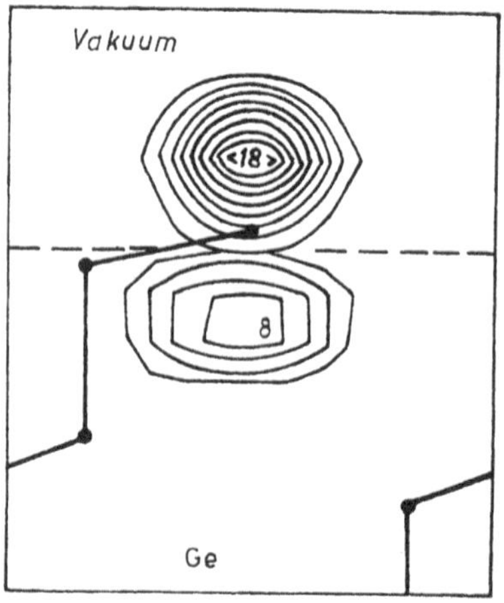

Abb. 2.17. Ladungsdichte eines Dangling-bond-Zustands an der (111)-Fläche von Ge (Schnitt mit der (110)-Ebene) (nach [26])

Quantitative Berechnungen (bei vorgegebener Geometrie) erfolgen analog zur Berechnung von Volumenbandstrukturen mit selbstkonsistenten Pseudopotentialverfahren [S 19] oder streutheoretischen Verfahren [S 27]. Die gegenüber dem unendlich ausgedehnten Festkörper komplizierte Geometrie wird durch Plattenmethoden (Ersatz des halbunendlichen Festkörpers durch eine ca. 6···20 Elementarzellen dicke „Platte" mit zwei Oberflächen) oder Supergittermethoden (periodische Anordnung von Platten, die durch genügend dicke Vakuumschichten getrennt sind), handhabbar gemacht. In beiden Fällen ergeben sich Elementarzellen endlicher Ausdehnung.

Die Berechnung der sich einstellenden Oberflächengeometrie erfordert die Minimierung der Gesamtenergie als Funktion der geometrischen Anordnung. Aus den zugehörigen Ladungsdichteverteilungen lassen sich wie im Kompaktkristall Rückschlüsse auf die Bindungsverhältnisse ziehen, besonders interessant sind dabei die partiellen Ladungsdichten der Oberflächenzustände (Abb. 2.17).

Zustandsdichtedarstellungen für Oberflächen sind besonders informativ, wenn man *lokale Zustandsdichten* (Zahl der Zustände pro Energieintervall in einer vorgegebenen Netzebene) angibt, da dabei die energetische Lage der Oberflächenzustände deutlich zum Ausdruck kommt (Abb. 2.18).

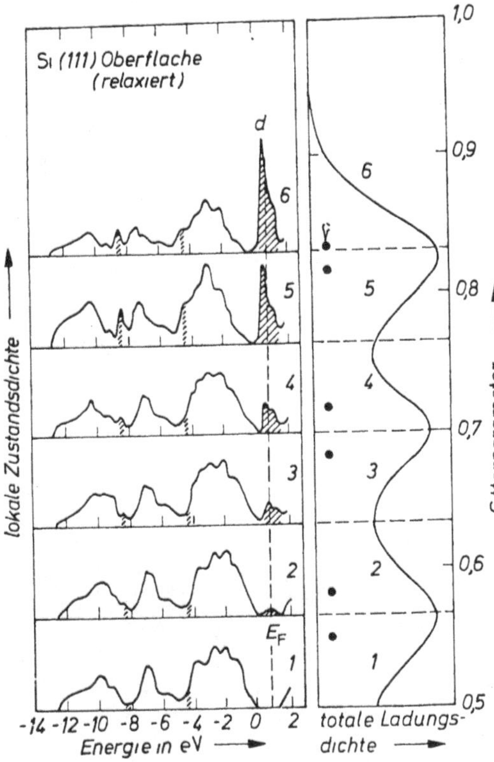

Abb. 2.18. Totale Ladungsdichte (rechts) und lokale Zustandsdichten für eine relaxierte Si-(111)-Oberfläche (nach [26]). d — Zustandsdichte der dangling-bonds

Infolge der Oberflächenzustände weicht die Lage des FERMI-Niveaus an der Oberfläche von der im Innern ab („pinning" an der Oberfläche). Das bedeutet eine (flächenhafte) Aufladung der Oberfläche, die durch eine Raumladungsrandschicht kompensiert wird; die Folge sind Bandverbiegungen an der Oberfläche

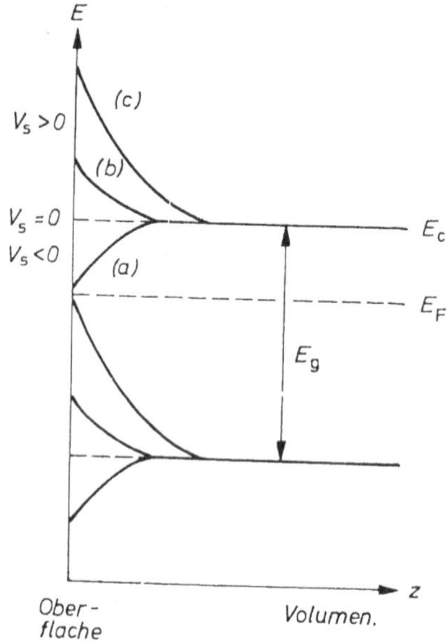

Abb. 2.19. Typen von Raumladungsrandschichten in einem n-Halbleiter [132]. Der Randschichttyp wird durch das Oberflächenpotential bestimmt. Ist die potentielle Energie an der Oberfläche $V_S < 0$, so ergibt sich eine Anreicherungsrandschicht (a) mit $n_S > n_{vol}$, ist $V_S > 0$, eine Verarmungsrandschicht (b) mit $n_S < n_{vol}$ oder eine Inversionsschicht (c). Im letzteren Fall ist die p-leitende Oberfläche durch eine Verarmungsschicht vom Volumen getrennt.

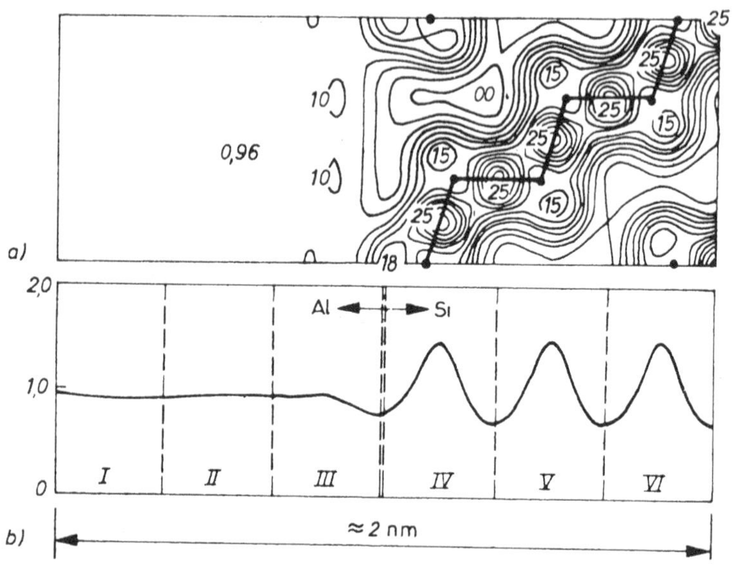

Abb. 2.20 (Fortsetzung und Abbildungsunterschrift siehe S. 47)

(Abb. 2.19), die in schlecht leitenden Materialien beträchtliche Ausdehnungen erreichen können. In der Praxis werden die Verhältnisse durch Adsorptionsschichten noch wesentlich komplizierter [S 20, S 21].

Für die Grenzfläche zwischen zwei Festkörpern (Heteroübergang) gelten obige Überlegungen analog, auch hierfür wurden Ladungs- und Zustandsdichten berechnet (Abb. 2.20).

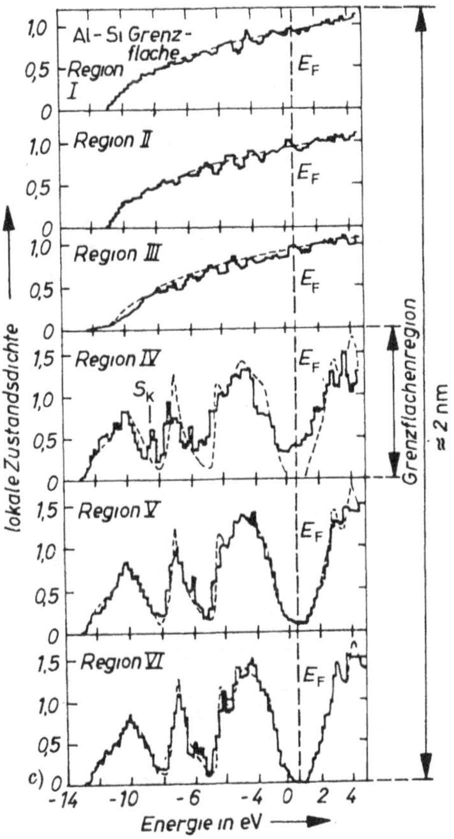

Abb. 2.20. a) Valenzladungsdichte in der (110)-Ebene senkrecht zu einer Al—Si-(111)-Grenzflache, b) die parallel zur Grenzflache gemittelte Ladungsdichte, c) die zu den Bereichen I—VI gehorigen partiellen Zustandsdichten (nach [S 23])

Wegen der besseren Experimentiermöglichkeiten untersucht man oft sogenannte Overlayer-Systeme (kompakter Substratkristall mit wenigen Atomlagen eines zweiten Materials); diese Systeme haben auch Bedeutung für das Verständnis des Metall-Halbleiter-Kontaktes (SCHOTTKY-Kontakt, [S 23]).

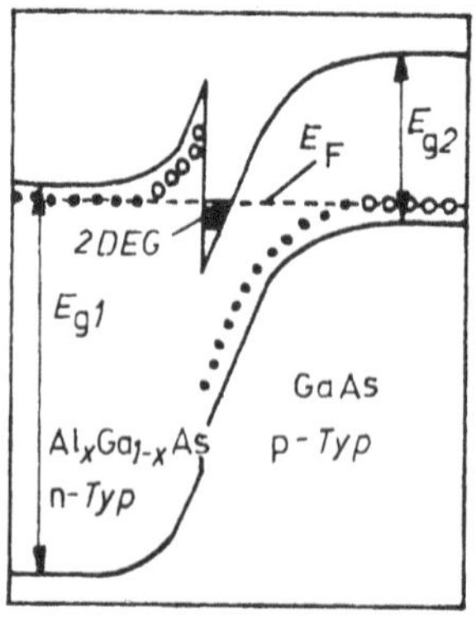

Abb. 2.21. Bänderschema eines abrupten Heteroübergangs mit 2dimensionalem Elektronengas (2-DEG) an der Grenzfläche (nach [S 28])

Relativ übersichtliche Verhältnisse liegen an der Grenzfläche zweier Einkristalle mit gleicher Gitterstruktur und gleicher bzw. fast gleicher Gitterkonstante vor, wenn die chemische Bindung sich nicht zu stark unterscheidet. Derartige Grenzflächen lassen sich mit modernen Epitaxieverfahren insbesondere zwischen

Tabelle 2.2.
Elektronenstruktur des freien Elektronengases im Leitungsband (d – Breite des Potentialgrabens, $n = 1, 2, \ldots$ ist der Subbandindex, $\Omega^{(3)}$ bzw. $\Omega^{(2)}$ sind die entsprechenden Grundgebietsvolumina)

	3dimensional	2dimensional
Wellenfunktion	$\Psi_{\boldsymbol{k}} \sim e^{i\boldsymbol{kr}}$	$\Psi_{n\boldsymbol{k}_{\parallel}} \sim \sin\frac{n\pi z}{d} \cdot e^{i\boldsymbol{k}_{\parallel}\boldsymbol{r}_{\parallel}}$
Dispersionskurve	$\varepsilon(\boldsymbol{k}) = \varepsilon_c + \frac{\hbar^2 k^2}{2m}$	$\varepsilon_n(\boldsymbol{k}_{\parallel}) = \varepsilon_c + \varepsilon_{n0} + \frac{\hbar^2 k_{\parallel}^2}{2m_c}$
Zustandsdichte	$\varrho_c(\varepsilon) = \frac{\Omega^{(3)}}{2\pi^2}\left(\frac{2m_c}{\hbar^2}\right)^{3/2} \times \sqrt{\varepsilon - \varepsilon_c}$	$\varrho_c(\varepsilon) = \sum_{n=1}^{\infty} \varrho_n(\varepsilon)$ mit $\varrho_n(\varepsilon) = \begin{cases} 0 & \text{für } \varepsilon < \varepsilon_c + \varepsilon_{n0} \\ \frac{\Omega^{(2)} m_c}{\pi\hbar^2} & \text{für } \varepsilon \geq \varepsilon_c + \varepsilon_{n0} \end{cases}$

unterschiedlichen 3-5- oder 2-6-Halbleitern realisieren, wobei geringe Gitterkonstantendifferenzen insbesondere bei genügend dünnen Schichten durch elastische Verspannungen aufgefangen werden. Sie sind weitgehend frei von lokalisierten Grenzflächenzuständen, daher bildet sich bei einem derartigen Heteroübergang im Material an der Grenzfläche ein dynamisch zweidimensionales Elektronen- bzw. Löchergas [S 24] (Abb. 2.21.), wie es schon länger an der Si—SiO_2-Grenzfläche (einer Grenzfläche zwischen einkristallinem Si und einem amorphen Isolator) bekannt war [S 25].

Die grundlegenden elektronischen Eigenschaften des zweidimensionalen Elektronengases erhält man am übersichtlichsten bei der Betrachtung eines Potentialgrabens (realisiert z. B. durch eine dünne GaAs-Schicht zwischen AlAs-Schichten); Tab. 2.2 gibt eine Übersicht über die wichtigsten Beziehungen im Vergleich zum dreidimensionalen Gas freier Elektronen (s. auch Abb. 2.22). Durch andere Potentialformen, z. B. das Raumladungspotential an einem Heteroübergang, wird nur die Subbandenergie ε_{n0} ge-

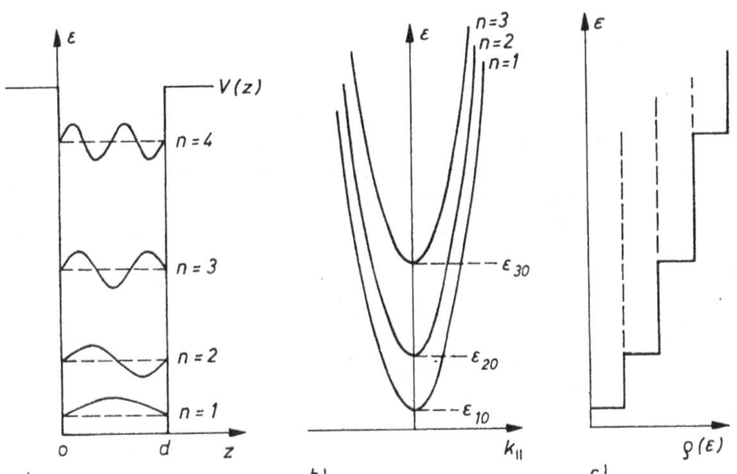

Abb. 2.22.

a) Eigenfunktionen
b) Bandstruktur
c) Zustandsdichte von Elektronen in einem Potentialgraben der Breite d [S 28]

ändert, die Stufenstruktur der Zustandsdichte bleibt erhalten. Das zweidimensionale Elektronengas wird gegenwärtig intensiv hinsichtlich seiner Nutzung für elektronische Bauelemente untersucht.

2.2.3. *Punktförmige Gitterstörungen* [S 25—S 28]

Die für die optischen und elektrischen Eigenschaften von Nichtmetallen wichtigsten Gitterstörungen sind neben der Oberfläche die punktförmigen Störungen.

Am einfachsten Fall der *Eigenfehlordnung* sind nur gittereigene Bausteine beteiligt; die möglichen Punktdefekte sind

— Leerstellen (Vakanzen) im A- bzw. B-Untergitter: $V_{[A]}$, $V_{[B]}$,
— Zwischengitteratome (Self-Interstitial): A_i, B_i,
— Antisite-Defekte: $A_{[B]}$, $B_{[A]}$

(der untere Index gibt den Platz [site] an, i steht fur interstitial).

Die Eigenfehlordnung ist thermodynamisch bedingt (ein fehlgeordnetes Gitter hat eine höhere Entropie als der Idealkristall, wird also mit größerer Wahrscheinlichkeit realisiert); bei tiefen Temperaturen liegen meist eingefrorene Hochtemperaturgleichgewichtsverteilungen vor.

Bei der *chemischen Fehlordnung* sind Fremdatome C in das Gitter eingebaut, dies erfolgt als Substitutionsstörstelle auf A- oder B-Platz: $C_{[A]}$, $C_{[B]}$ oder als Zwischengitteratom (interstitial), meist in einer der Tetraederlücken: C_i. Daruber hinaus sind Komplexe aus gleichartigen oder verschiedenen Störstellen möglich (z. B. mit Vakanzen gekoppelte Substitutionsstörstellen und Paare von Fremdatomen), die je nach Problemstellung als einheitliche Störstelle oder als mehrere miteinander wechselwirkende Störstellen betrachtet werden können. Alle Gitterstörungen beeinflussen lokal die chemische Bindung und sind daher mit mehr oder weniger starken Gitterdeformationen verbunden.

Gitterstörungen brechen die Symmetrie (Periodizität) des Gitters und führen daher zu einer Änderung der elektronischen Zustandsdichte, d. h. zu einer Umverteilung der erlaubten Energiezustände. Neben den experimentell kaum nachweisbaren Resonanzen und Antiresonanzen in den Bändern treten häufig *lokalisierte Zustände* in der verbotenen Zone auf. Letztere beeinflussen in starkem Maße die elektrischen und optischen Eigenschaften der Halbleiter und werden im folgenden ausschließlich betrachtet. Strenggenommen muß man stets zwischen den Störstellen (einschließlich Defekten) als geometrisch-chemische Spezies und den dadurch verursachten Elektronenzuständen unterscheiden; in der Praxis wird darauf jedoch oft verzichtet.

Die Existenz lokalisierter Zustände hat zur Folge, daß chemisch gleiche Störstellen entsprechend den äußeren Bedingungen (Einbauort oder Lage des FERMI-Niveaus) in verschiedenen Ladungszuständen existieren können, je nachdem, ob ein lokalisierter Zustand mit Elektronen oder Löchern besetzt oder leer ist. Zur Charakterisierung einer Störstelle benutzt man

— den Umladungscharakter,
— den Grad der Wechselwirkung mit Leistungs- bzw. Valenzband,
— die Bindungsenergie des (der) lokalisierten Ladungsträger.

Tabelle 2.3.
Klassifizierung von Störstellen, die vorwiegend mit einem Band wechselwirken. NN_1 bedeutet 2 Stickstoffatome auf Nachbarplätzen im P-Untergitter von GaP

Bevorzugte Wechselwirkung mit	Umladungscharakter	Bezeichnung	Beispiel
Leitungsband	$+ \leftrightarrow 0$	Donator	GaP : $S^{+}_{[P]}$
	$++ \leftrightarrow + \leftrightarrow 0$	Doppeldonator	GaP : $P^{++}_{[Ga]}$
	$0 \leftrightarrow -$	Elektronenhaftstelle	GaP : $NN_1{}^0$
Valenzband	$- \leftrightarrow 0$	Akzeptor	GaP : $Zn^{-}_{[Ga]}$
	$0 \leftrightarrow +$	Löcherhaftstelle	GaP : $Bi^{0}_{[P]}$

Die bevorzugt mit einem Band wechselwirkenden Störstellen lassen sich entsprechend Tab. 2.3 in Donatoren, Akzeptoren und Haftstellen (Traps) einteilen. Donatoren und Elektronenhaftstellen heißen im elektronenärmeren Zustand leer, in elektronenreicheren besetzt; Akzeptoren und Löcherhaftstellen werden im elektronenärmeren Zustand als (mit Löchern) besetzt, im elektronenreicheren Zustand als leer bezeichnet. Störstellen, die mit beiden Bändern in vergleichbarer Stärke wechselwirken, heißen Rekombinationszentren. Meist handelt es sich bei ihnen um Zustände, die im thermodynamischen Gleichgewicht neutral sind. Sie können gleichzeitig oder nacheinander Elektronen und Löcher (oder freie Excitonen) einfangen und bewirken anschließend eine strahlende oder strahlungslose Rekombination. Beispielsweise ist $Ni_{[Ga]}^{+++}$ in GaP ein derartiges Zentrum [29], wobei die freiwerdende Energie z. T. in Form strahlender Übergänge zwischen den Zuständen der 3d-Schale des Ni-Rumpfes abgegeben wird. Jedoch zeigt die Existenz von gebundenen Excitonen an Donator- bzw. Akzeptorzuständen im GaAs und GaP, daß auch diese Störstellen zur Rekombination beitragen.

Für die Bestimmung des Einbauortes und des Umladungscharakters einer bestimmten Störstelle in einem vorgegebenen Gitter existiert keine allgemeine Theorie. Einigermaßen übersichtlich sind die Verhältnisse bei Hauptgruppenelementen. Da sich die Rumpfelektronen dieser Elemente in abgeschlossenen Schalen mit höherer Ionisierungsenergie befinden, nehmen sie nicht an der Festkörperbindung teil. Damit liegt die Zahl der Valenzelektronen fest, und der Einbau erfolgt meist substitutionell so, daß die Differenz der Valenzelektronenzahl von Gast- und Wirtsatom möglichst klein wird. Elemente der 6. Gruppe werden auf 5er Platz als Donatoren, Elemente der 2. Gruppe auf 3er Platz als Akzeptoren eingebaut; Elemente der 4. Gruppe werden je nach äußeren Bedingungen auf 3er Platz als Donatoren oder auf 5er Platz als Akzeptoren eingebaut (amphotere Störstellen); Elemente der 3. bzw. 5. Gruppe werden auf 3er bzw. 5er Platz eingebaut, wobei nur wenige Atome der 5. Gruppe zu lokalisierten isoelektronischen Zuständen führen.[1]) Übergangselemente mit nicht abgeschlossenen Elektronenschalen haben variable Valenz, daher wird deren Oxydationszustand meist durch das Wirtsgitter bestimmt, sie führen zu sogenannten „strukturierten Störstellen" [30] mit der Möglichkeit von Übergängen zwischen den Kristallfeldzuständen der Rumpfkonfiguration. Beispielsweise wird das Ni-Atom ($3d^8 4s$) in GaP als $Ni_{[Ga^{+++}]}^{+++}(3d^7)$ eingebaut.

2.2.3.1. *Flache Störstellen*

Ist der energetische Abstand des von der Störstelle verursachten tiefsten Energieniveaus vom Leitungs- bzw. Valenzbandrand wesentlich kleiner als die Breite der verbotenen Zone, so spricht man von *flachen Störstellen(niveaus)*.

Außer im Grundzustand kann sich das lokalisierte Teilchen

---

[1]) Eigentlich handelt es sich um isovalente Zustände, da nur die Zahl der Valenzelektronen mit der der Wirtsatome übereinstimmt, die Zahl der Rumpfelektronen dagegen differiert.

(Elektron oder Loch) auch in angeregten Störstellenzuständen befinden. Die theoretische Beschreibung aller gebundenen Zustände flacher Störstellen erfolgt in guter Näherung durch die Effektiv-Masse-Theorie (EMT): Das gebundene Teilchen bewegt sich mit einer der Struktur des benachbarten Bandextremums (Leitungsbandminimum bei Donatoren, Valenzbandmaximum bei Akzeptoren) entsprechenden effektiven Masse im elektrischen Feld des Störstellenrumpfes, wobei diese Wechselwirkung durch die statische Dielektrizitätskonstante ε_s vermindert (abgeschirmt) wird. Wellenfunktionen und Termenergien ergeben sich also (fur Donatoren) aus der Effektiv-Masse-Gleichung

$$-\frac{\hbar^2}{2}\left\{\frac{1}{m_x}\frac{\partial^2}{\partial x^2}+\frac{1}{m_y}\frac{\partial^2}{\partial y^2}+\frac{1}{m_z}\frac{\partial^2}{\partial z^2}\right\}\psi+V(\boldsymbol{r})\,\psi=(E-E_c)\,\psi. \tag{2.23}$$

Dabei ist das Koordinatensystem auf die Hauptachsen des Tensors der effektiven Masse im Leitungsbandminimum bezogen.

$$V(r)=\frac{-Ze^2}{4\pi\varepsilon_0\varepsilon_s r} \tag{2.24}$$

ist die potentielle Energie des Elektrons im Feld eines Z-fach ionisierten Donatoratoms. Die in (2.23) auftretende Funktion ψ ist nur die Hullkurve der vollständigen Wellenfunktion Ψ_D des Donators, die die Form

$$\Psi_D=u_{c\boldsymbol{k}}(\boldsymbol{r})\,e^{i\boldsymbol{k}_c\boldsymbol{r}}\cdot\psi(\boldsymbol{r})$$

hat, wobei $\boldsymbol{k}_c$ die Lage des Leitungsbandminimums angibt und $u_{c\boldsymbol{k}}(\boldsymbol{r})$ der gitterperiodische Anteil der Bloch-Funktion des Leitungsbandminimums ist. Voraussetzung für die Anwendbarkeit von (2.23) ist, daß sich die Wellenfunktion uber viele Gitterkonstanten erstreckt; die Gitterstruktur ist dann nur noch implizit in den effektiven Massen m_x, m_y, m_z enthalten. Für Donatoren in direkten Materialien (mit isotroper effektiver Masse m_c) erhält man ein Termspektrum von wasserstoffähnlicher Struktur mit den Energiezuständen

$$E_n=E_c-\frac{R^*}{n^2}\quad(n=1,2,\ldots) \tag{2.25}$$

($R^* = \frac{m_c}{\varepsilon_s^2} R_H$, $R_H = 13{,}6$ eV – RYDBERG-Konstante des H-Atoms). Die Wellenfunktion im Grundzustand $n = 1$

$$\psi_{1s}(\boldsymbol{r}) = \frac{1}{\sqrt{\pi a_B^3}} \, e^{-r/a_B} \tag{2.26a}$$

wird durch den effektiven BOHRschen Radius $a_B = \frac{\varepsilon_s}{m_c} \cdot a_H$ ($a_H = 0{,}0529$ nm – BOHRscher Radius des H-Atoms) charakterisiert. In k-Darstellung lautet sie

$$\psi_{1s}(\boldsymbol{r}) = \frac{8}{\sqrt{\Omega}} \frac{\sqrt{\pi a_B^3}}{(1 + a_B^2 k^2)^2} \tag{2.26b}$$

(Ω – Grundgebietsvolumen); dementsprechend setzt sich ψ_{1s} im wesentlichen aus Leitungsbandfunktionen mit $0 \leq k \leq \frac{1}{a_B}$ zusammen (Abb. 2.23).

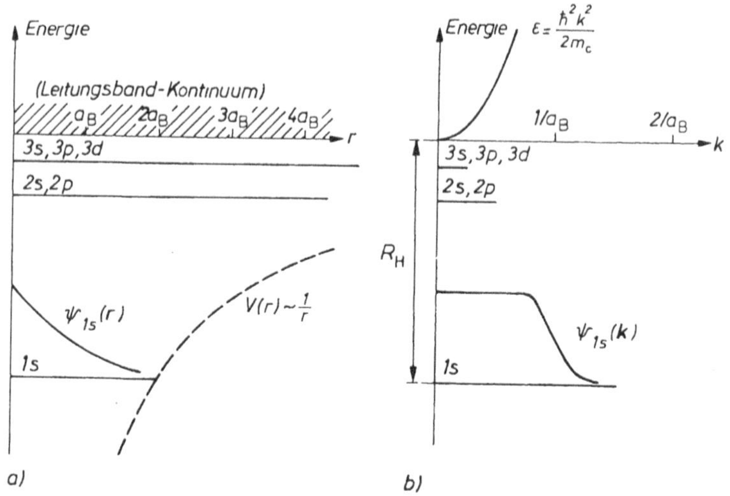

Abb. 2.23. Termstruktur flacher Donatoren mit isotroper effektiver Masse m_c. a) Ortsraum, b) $\boldsymbol{k}$-Raum. Die 1s-Funktion des Grundzustands (2.26) ist eingezeichnet.

Bei anisotroper effektiver Masse (Donatoren in indirekten Materialien [30, 31]) und bei entarteten Bandextrema (Akzeptoren [32]) erhält man stark modifizierte Termspektren.

2.2.3.2. *Tiefe Störstellen*

Liegt das tiefste von der Störstelle erzeugte Energieniveau etwa in der Mitte der verbotenen Zone, so spricht man von *tiefen Störstellen(niveaus)*. Sie haben räumlich stark lokalisierte Wellenfunktionen und stehen in starker Wechselwirkung mit mehreren Bändern. Eine Entwicklung der lokalisierten Wellenfunktionen nach Bandfunktionen analog zu (2.26b) ist wenig sinnvoll, besser ist die Entwicklung nach einem vollständigen Satz lokalisierter Funktionen. Davon ausgehend ist eine Vielzahl von Berechnungsverfahren und -varianten entwickelt worden [S 25]; in neueren Arbeiten [33, 34] wird das rein elektronische Problem (bei vorgegebener Atomanordnung) in einfachen Fällen (z. B. eine Vakanz in Si) zufriedenstellend gelöst — allerdings mit beträchtlichem rechentechnischem Aufwand. Für die Nutzung als Interpretationshilfe zur Deutung experimenteller Ergebnisse müssen jedoch unbedingt auch die störstellenbedingte Gitterdeformation (einschließlich einer Symmetrieerniedrigung infolge des Jahn-Teller-Effekts [35]) und bei strukturierten Störstellen die Änderung der Rumpfkonfiguration berücksichtigt werden.

Der Zusammenhang zwischen Einelektronenbeschreibung im Bandbild und Mehrelektronenbeschreibung im Kristallfeldbild (Abschn. 2.1.3.) wird in [36] näher untersucht.

2.2.4. *Ungeordnete Festkörper* [S 13, S 29]

Ungeordnete Systeme haben als gemeinsames Merkmal die fehlende langreichweitige räumliche Ordnung (Fernordnung) ihrer Bausteine. Dagegen ist stets eine definierte *kurzreichweitige Ordnung* (*Nahordnung*) vorhanden. Sie umfaßt

- Zahl und Art der nächsten Nachbarn,
- Abstände der nächsten Nachbarn,
- Winkelverteilung der nächsten Nachbarn

und ist — bis auf die Winkelverteilung — durch Beugungs- oder EXAFS-Untersuchungen zugänglich (Abb. 2.24).

Eine bestimmte Nahordnung legt jedoch nicht eindeutig die Struktur fest, dazu ist noch die Angabe der Netzwerktopologie (der Verknupfung der Atome) erforderlich, so daß sehr unterschiedliche Modelle ungeordneter Festkörper möglich sind [37]. Grenzfälle sind

- Dotierungsunordnung: verschwindend geringe Konzentration von Gitterstörungen (s. 2.2.3.),
- konstitutionelle (chemische) Unordnung: unterschiedliche Atome besetzen in statistischer Verteilung die Plätze eines idealen Kristallgitters (Mischkristall),
- geometrische Unordnung: keine gitterperiodische Anordnung, aber gleiche Koordinationszahl gleichartiger Gitterbausteine, d. h., nur Bindungslängen und -winkel unterliegen einer statistischen Verteilung,
- topologische Unordnung: zusätzlich zur statistischen Verteilung von Bindungslängen und -winkeln existieren gleichartige Bausteine mit unterschiedlichen Koordinationszahlen.

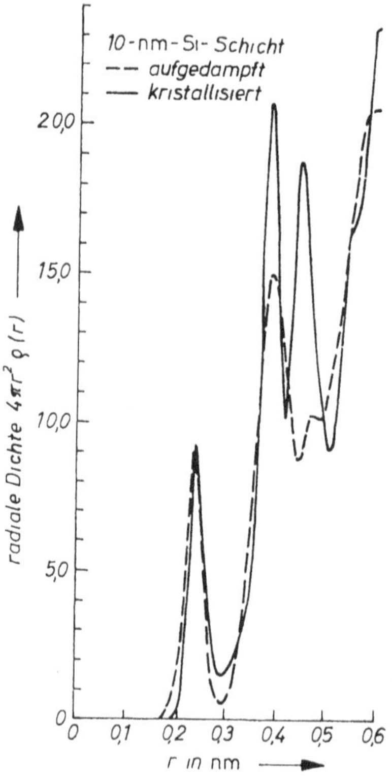

Abb. 2.24. Radiale Dichteverteilung von kristallinem und amorphem Si [133]

Bei geometrischer und topologischer Unordnung (beide werden auch als strukturelle Unordnung bezeichnet) spricht man von amorphen Stoffen; natürlich kann dabei gleichzeitig auch konstitutionelle Unordnung vorliegen.

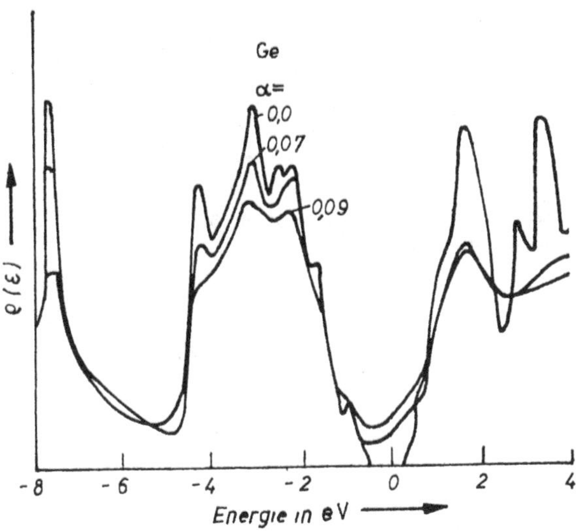

a)

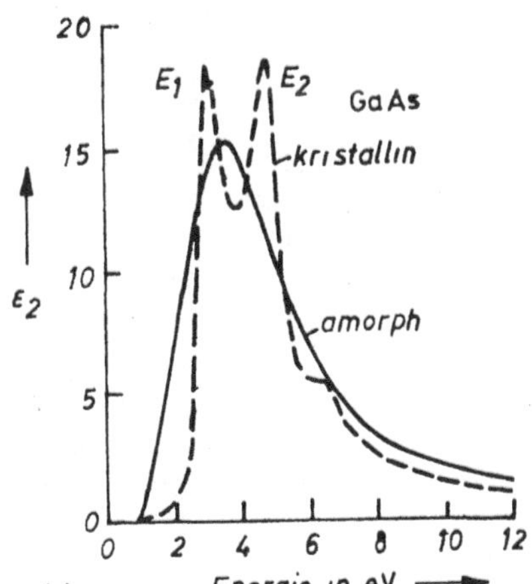

b)

Abb. 2.25. a) Berechnete Zustandsdichten von kristallinem ($\alpha = 0$) und amorphem Ge; α ist der Unordnungsparameter (nach [133]). b) Die unordnungsbedingte Verbreiterung zeigt sich auch im ε_2-Spektrum (nach [134]).

Fehlende Fernordnung und damit fehlende Translationssymmetrie bedeutet, daß der Wellenzahlvektor $\boldsymbol{k}$ seine Bedeutung verliert, sinnvoll bleibt dagegen die Zustandsdichte $\varrho(\varepsilon)$. Berechnungen auf der Grundlage unterschiedlicher Strukturmodelle zeigen, daß die Zustandsdichten weitgehende Ähnlichkeiten zu der entsprechender kristalliner Phasen aufweisen (Abb. 2.25). Hauptunterschied ist das Auftreten (lokalisierter) Zustände in der verbotenen Zone in der Nähe der Bandränder der entsprechenden kristallinen Phase. Die Zustandsdichte ist also im wesentlichen durch die Nahordnung bestimmt. Eine Sonderstellung haben Mischkristalle, in denen unterschiedliche Atomsorten die Plätze eines idealen Kristallgitters einnehmen. Für sie behält das Konzept der Bandstruktur weitgehend Gültigkeit; die Lage der Bandextrema $E^{(i)}$ ändert sich stetig mit der Zusammensetzung. Näherungsweise gilt häufig

$$E^{(i)}(x) = x \cdot E^{(i)}(\mathrm{AC}) + (1 - x) \cdot E^{(i)}(\mathrm{BC}) + c \cdot x(1 - x) \qquad (2.27)$$

fur einen Mischkristall der Zusammensetzung $A_x\mathrm{B}_{1-x}\mathrm{C}$. c wird als bowing-Parameter bezeichnet (Abb. 2.26).

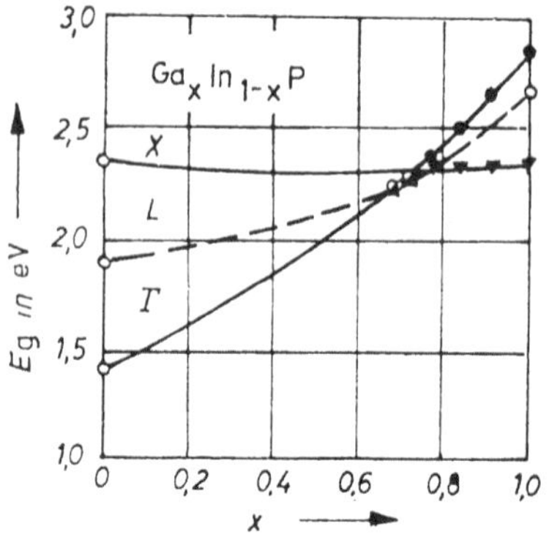

Abb. 2.26. Breite der verbotenen Zonen als Funktion der Zusammensetzung im Mischkristallsystem $\mathrm{Ga_xIn_{1-x}P}$ [135]

Die theoretische Interpretation dieser Abhängigkeit gelingt weitgehend mit der sogenannten Virtuell-Kristall-Approximation (VCA); auf den Plätzen des „gemischten" Untergitters denkt man sich „virtuelle" Atome, deren Potential V_x sich aus den Potentialen V_A und V_B der realen Atome entsprechend der Zusammensetzung ergibt:

$$V_x(\boldsymbol{r}) = x \cdot V_\mathrm{A}(\boldsymbol{r}) + (1 - x)\, V_\mathrm{B}(\boldsymbol{r}). \qquad (2.28)$$

Weiterführende Theorien [38] berücksichtigen die statischen Schwankungen des Potentials und führen zu Abweichungen von (2.27).

2.3. *Vielteilcheneffekte (Excitonen)*

In einer reinen Einteilchenbeschreibung identifiziert man die Anregungsenergie $E_N - E_N{}^0$ eines N-Teilchen-Systems mit der Differenz $\varepsilon_c(\boldsymbol{k}) - \varepsilon_v(\boldsymbol{k}')$ der Einteilchenenergien im Sinne des Abschnitts 2.2. Berechnet man jedoch $E_N - E_N{}^0$ korrekt unter Benutzung von Vielteilchenfunktionen (Slater-Determinanten $\Psi_N = \det\{\psi_1(1), \psi_2(2), \ldots, \psi_N(N)\}$ der N Einteilchenfunktionen $\psi_{\boldsymbol{k}}(\boldsymbol{r}_n) = \psi_{\boldsymbol{k}}(n)$), so wird bei Anregung eines Elektrons ins Leitungsband (Ersatz der Valenzbandfunktion $\psi_v(\boldsymbol{k}')$ in Ψ_N durch $\psi_c(\boldsymbol{k})$)

$$E_N - E_N{}^0 = \varepsilon_c(\boldsymbol{k}) - \varepsilon_v(\boldsymbol{k}') + C - A\,. \tag{2.29}$$

Die Coulomb-Energie C enthält Terme der Form

$$\frac{e^2}{4\pi\varepsilon_0} \int\limits_{\boldsymbol{r}_1}\int\limits_{\boldsymbol{r}_2} \psi_c{}^2(\boldsymbol{r}_1)\,\frac{1}{|\boldsymbol{r}_2 - \boldsymbol{r}_1|}\,\psi_v{}^2(\boldsymbol{r}_2)\,\mathrm{d}^3\boldsymbol{r}_1\,\mathrm{d}^3\boldsymbol{r}_2\,,$$

die als elektrostatische Wechselwirkung der Ladungsdichten von zwei Teilchen in den Zuständen ψ_c und ψ_v interpretiert werden können. Die Austauschenergie A enthält Terme der Form

$$\frac{e^2}{4\pi\varepsilon_0} \int\limits_{\boldsymbol{r}_1}\int\limits_{\boldsymbol{r}_2} \psi_c(\boldsymbol{r}_1)\,\psi_c(\boldsymbol{r}_2)\,\frac{1}{|\boldsymbol{r}_2 - \boldsymbol{r}_1|}\,\psi_v(\boldsymbol{r}_1)\,\psi_v(\boldsymbol{r}_2)\,\mathrm{d}^3\boldsymbol{r}_1\,\mathrm{d}^3\boldsymbol{r}_2\,,$$

die infolge der Antisymmetrierung der Vielteilchenfunktion bezuglich Teilchenvertauschung (Pauli-Prinzip) auftreten und fur die es kein klassisch verständliches Analogon gibt.

Die Vernachlässigung der durch die Elektron-Elektron-Wechselwirkung verursachten Terme $C - A$ ist nach einem Theorem von Koopmans [39, 40] gerechtfertigt, wenn folgende Voraussetzungen erfüllt sind:

— sehr großes System ($N \to \infty$),

- Wellenfunktionen sind über das Gesamtsystem ausgedehnt, d. h. nicht lokalisiert,
- dynamische Polarisationseffekte in der Umgebung eines angeregten Teilchens werden vernachlässigt.

Die letzten beiden Bedingungen sind jedoch bei optischen Einteilchenanregungen nicht erfüllt. Man berücksichtigt dann die Vielteilchenwechselwirkungen näherungsweise, indem man zu einer Zweiteilchenbeschreibung übergeht und ein angeregtes Elektron in Wechselwirkung mit dem im Valenzband zurückbleibenden Loch betrachtet; ein derartig wechselwirkendes Elektron-Loch-Paar wird als *Exciton* bezeichnet [S 30, S 31].

Excitonen sind die niedrigsten elektronischen Anregungszustände reiner[1]) nichtmetallischer Festkörper. Entsprechend ihrer räumlichen Struktur unterscheidet man [41]

- FRENKEL-Excitonen (Elektron und Loch am gleichen Gitterplatz),
- Ladungstransferexcitonen (beide Teilchen an benachbarten Gitterplätzen,
- WANNIER-Excitonen (beide Teilchen weit getrennt).

FRENKEL-Excitonen treten in Molekülkristallen auf, Ladungstransferexcitonen (häufig ebenfalls als FRENKEL-Excitonen bezeichnet) in Alkalihalogeniden und magnetischen Isolatoren [S 31]; für die meisten übrigen Isolatoren und insbesondere für Halbleiter sind WANNIER-Excitonen typisch.

2.3.1. *Wannier-Excitonen* [S 30, S 31]

Für die weit ausgedehnten WANNIER-Excitonen greift man auf das Konzept der effektiven Masse zurück (vgl. Abschn. 2.2.3.1.) und erhält damit für die Modellbandstruktur (Abb. 2.27a)) eine phänomenologische Zweiteilchengleichung [42]

$$\left\{E_g - \frac{\hbar^2}{2m_e}\Delta_e - \frac{\hbar^2}{2m_h}\Delta_h - \frac{e^2}{4\pi\varepsilon_0\varepsilon_s|\boldsymbol{r}_e - \boldsymbol{r}_h|}\right\} \times \Psi(\boldsymbol{r}_e, \boldsymbol{r}_h) = E\Psi(\boldsymbol{r}_e, \boldsymbol{r}_h). \tag{2.30}$$

m_e und m_h sind die effektiven Massen für Elektron (e) und Loch (h),

[1]) In verunreinigten Festkörpern treten niederenergetischere Anregungen von Störstellenelektronen auf.

$\boldsymbol{r}_e$ und $\boldsymbol{r}_h$ die Ortskoordinaten. $\Psi(\boldsymbol{r}_e, \boldsymbol{r}_h)$ ist die Zweiteilchenwellen funktion. Die COULOMB-Wechselwirkung wird mit der statischen Dielektrizitätskonstante ε_s abgeschirmt, die Gitterbeiträge mit enthält. Dies ist für genügend schwache Bindungsenergie (< Energie der optischen Phononen) eine gute Näherung; im entgegengesetzten Grenzfall ist die hochfrequente (optische) DK zu benutzen [43].

Geht man zu Schwerpunktskoordinaten

$$\boldsymbol{R} = \frac{1}{\mu}(m_e\boldsymbol{r}_e + m_h\boldsymbol{r}_h), \quad \mu = m_e + m_h \tag{2.31a}$$

und Relativkoordinaten

$$\boldsymbol{r} = \boldsymbol{r}_e - \boldsymbol{r}_h \tag{2.31b}$$

uber, so lassen sich Schwerpunkts- und Relativbewegung trennen, und es wird

$$\Psi(\boldsymbol{r}_e, \boldsymbol{r}_h) = \Psi(\boldsymbol{R}, \boldsymbol{r}) = \psi(\boldsymbol{r}) \frac{1}{\sqrt{\Omega}} e^{i\boldsymbol{K}\boldsymbol{R}}. \tag{2.32}$$

Der $\boldsymbol{R}$-abhängige Anteil beschreibt die freie Bewegung des Schwerpunkts mit dem Wellenzahlvektor $\boldsymbol{K}$ und der kinetischen Energie $\frac{\hbar^2K^2}{2M}$; $\psi(\boldsymbol{r})$ folgt aus der Einteilchengleichung

$$\left\{-\frac{\hbar^2}{2\mu}\Delta_r - \frac{e^2}{4\pi\varepsilon_0\varepsilon_s r}\right\}\Psi(\boldsymbol{r}) = \left\{E - E_g - \frac{\hbar^2K^2}{2M}\right\}\Psi(\boldsymbol{r}). \tag{2.33}$$

Die Relativbewegung liefert also eine Serie wasserstoffähnlicher Zustände

$$\psi_{nlm}(\boldsymbol{r}) = R_{nl}(\boldsymbol{r})\, Y_l^m(\vartheta, \varphi). \tag{2.34}$$

Die Gesamtenergie im Zustand mit der Hauptquantenzahl n ist unabhängig von l und m:

$$E_n = E_g - \frac{R_{ex}}{n^2} + \frac{\hbar^2K^2}{2\mu} \qquad (n = 1, 2, 3, \ldots). \tag{2.35}$$

$$R_{ex} = \frac{\mu e^4}{2\hbar^2(4\pi\varepsilon_0\varepsilon_s)^2} = \frac{\mu}{\varepsilon_s^2} R_H \qquad (R_H = 13{,}6\,\text{eV}) \tag{2.35a}$$

ist die RYDBERG-Konstante des Excitons ($\mu = \left(\frac{1}{m_e} + \frac{1}{m_h}\right)^{-1}$ reduzierte effektive Masse), $\frac{\hbar^2 K^2}{2\mu}$ ist die kinetische Energie der Schwerpunktbewegung (s. Abb. 2.27).

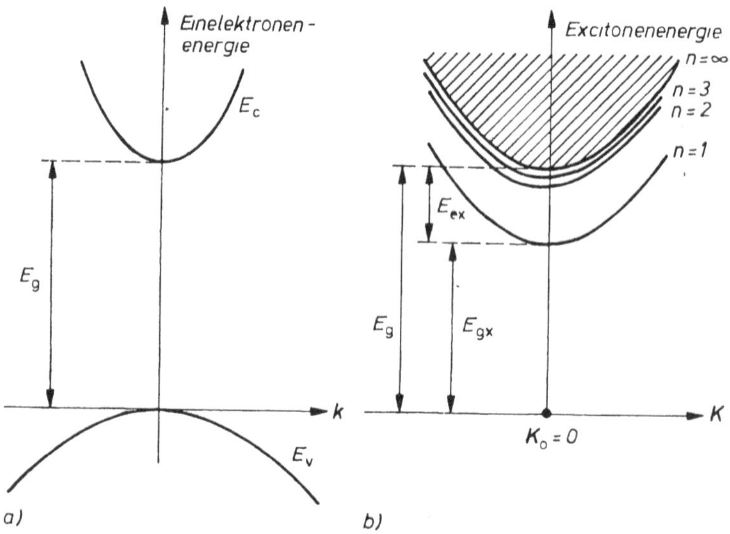

Abb. 2.27. a) Modellbandstruktur, b) Termstruktur des zugehörigen Excitons

In die Wellenfunktionen $R_{nl}(r)$ geht als maßgebender Parameter der excitonische BOHRsche Radius

$$a_{ex} = \frac{4\pi\varepsilon_0\varepsilon_s\hbar^2}{\mu e^2} = \frac{\varepsilon_s}{\mu} a_H \qquad (a_H = 0{,}0529 \text{ nm}) \tag{2.36}$$

ein, der die Ausdehnung des Excitons im Grundzustand beschreibt. Damit ergibt sich als Bindungsenergie

$$E_{ex} = R_{ex} = \frac{\hbar^2}{2\mu a_{ex}^2}. \tag{2.37}$$

Berücksichtigt man die reale Bandstruktur [44] und die Austauschwechselwirkung[1]) [S 30], so ergeben sich wesentlich kompliziertere Termstrukturen. Insbesondere ist dann keine Entkopplung von Schwerpunkt- und Relativbewegung möglich, d. h., die innere Struktur des Excitons hängt auch von seiner Translationsbewegung ab.

Excitonen können auch in der Umgebung von neutralen oder geladenen Störstellen lokalisiert werden; es entstehen dann im Gegensatz zu den freien sogenannte *gebundene Excitonen.* Diese (neutralen oder geladenen) Mehrteilchenkomplexe lassen sich weitgehend analog zu freien Ionen im Kristallfeld behandeln [45].

3. **Gitterschwingungen** [L 2, S 32—S 34]

Die Voraussetzung eines starren Gitters, wie sie im Kapitel 2 der Berechnung der Elektronenstruktur zugrunde gelegt ist, reicht für die Interpretation experimenteller Daten nicht aus, die thermische Bewegung der Gitterbausteine muß berücksichtigt werden. Grundlage dafur ist die Entkopplung von Kern- und Elektronenbewegung [L 28, L 7], die auf den stark unterschiedlichen Massen bzw. Geschwindigkeiten von Elektronen und Gitterbausteinen beruht. Demzufolge kann man die (schnelle) Elektronenbewegung bei festgehaltenen Rumpfpositionen berechnen; die Elektronenstruktur hängt dann nur parametrisch von den Rumpfkoordinaten ab. Die Bewegung der Kerne erfolgt dagegen im *mittleren* Feld der Elektronen, unabhängig von deren momentaner Lage. Die Wechselwirkung zwischen Elektronen- und Kernbewegung wird in einem zweiten Schritt störungstheoretisch berücksichtigt. Sie wird im Zusammenhang mit optischen Eigenschaften im Kapitel 4 behandelt.

3.1. Gitterschwingungen von Idealkristallen

Die energetisch niedrigsten Anregungszustände des Gitters sind Schwingungen der Gitterbausteine um ihre Gleichgewichtslagen (einschließlich statischer Deformationen, d. h. Schwingungen mit $\omega \to 0$). Grundlage für die Beschreibung des dynamischen Ver-

---

[1]) Die Austauschwechselwirkung zwischen den unterscheidbaren Teilchen Elektron und Loch entsteht, weil das Elektron mit allen Valenzelektronen des fast gefüllten Valenzbandes wechselwirkt.

haltens des Gitters in der niedrigsten (harmonischen) Näherung (Reihenentwicklung der potentiellen Energie des Kristalls nach den Gitterdeformationen bis zu Gliedern 2. Ordnung) sind daher die *Dispersionskurven* $\omega(\boldsymbol{q})$, d. h. die Eigenfrequenzen ω ebener Wellen als Funktion des reduzierten Ausbreitungsvektors $\boldsymbol{q}$ (Abb. 3.1).

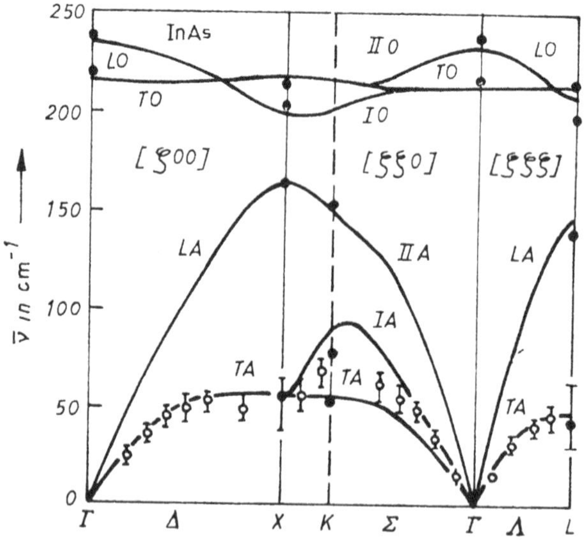

Abb. 3.1. Phononendispersionskurven $\omega(q)$ für InAs [136]. Den 2 Atomen in der primitiven Elementarzelle des Zinkblendegitters entsprechen je ein longitudinal akustischer und optischer Zweig und je zwei transversal akustische und optische Zweige; letztere sind längs der gezeichneten [100]- und [111]-Richtungen entartet.

Der Variationsbereich von $\boldsymbol{q}$ ist ebenso wie bei den Eigenzuständen der Elektronen die 1. Brillouin-Zone, in der die erlaubten $\boldsymbol{q}$-Werte äquidistant verteilt sind. Zu jedem $\boldsymbol{q}$ gehören zwei transversale und eine longitudinale akustische Welle mit gleichphasigen Auslenkungen aller n Gitterbausteine in der Elementarzelle sowie $2(n-1)$ transversale und $(n-1)$ longitudinale optische Wellen mit gegenphasigen Auslenkungen der Gitterbausteine in der Elementarzelle. Die optischen Gitterschwingungen sind im allgemeinen durch eine Frequenzlücke von den niederfrequenteren akustischen getrennt. Sie haben in polaren

Substanzen elektrische Dipolmomente und koppeln daher stark mit elektromagnetischen Wellen.

Analog zur Zustandsdichte der Elektronen definiert man eine *Modendichte* (Phononenzustandsdichte) $g(\omega)$ der Gitterschwingungen, so daß $g(\omega) \cdot d\omega$ die Zahl der Eigenfrequenzen zwischen ω und $\omega + d\omega$ angibt (Abb. 3.2). Eine ab-initio-Berechnung der Dispersionskurven muß von der Gesamtenergie des deformierten Kristalls ausgehen, wobei komplizierte Vielteilchenwechselwirkungen zu berücksichtigen sind. Für einfache Strukturen sind derartige Rechnungen ausgeführt [182], häufig greift man aber noch auf Kraftkonstantenmodelle (Schalenmodell [46], Modell deformierbarer Dipole [47], Bindungsladungsmodelle [48] und Valenzkraftmodelle [49, 50]) unter Benutzung empirischer Daten zurück.

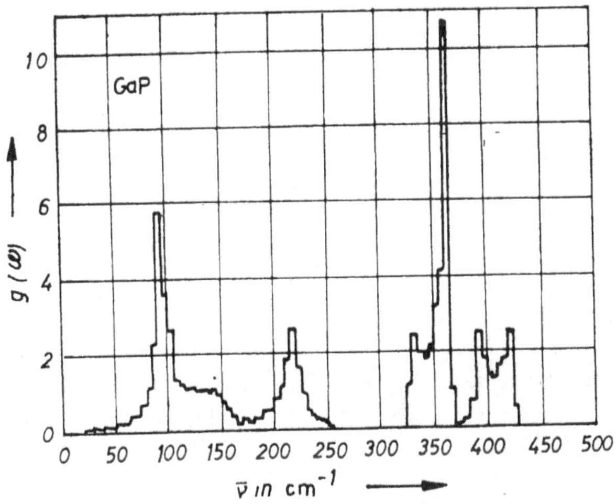

Abb. 3.2. Modendichte $g(\omega)$ von GaP (nach [137])

Die wichtigsten experimentellen Parameter, die für derartige Rechnungen benutzt werden, sind

- die elastischen Moduln, die aus Messungen der Schallgeschwindigkeit bestimmt werden,
- statische und elektronische Dielektrizitätskonstante ε_s und ε_∞ sowie die Frequenzen der TO^Γ- und LO^Γ-Schwingungen, die aus Infrarotspektren (Reststrahlenbanden) bzw. RAMAN-Spektren 1. Ordnung ermittelt werden,

- die piezoelektrischen Konstanten,
- die Frequenzen von Zonenrandschwingungen, die aus RAMAN-Spektren 2. Ordnung oder Neutronenstreuexperimenten entnommen werden.

Schwingungsfrequenzen zu Wellenvektoren im Innern der BRILLOUIN-Zone, wie sie aus Neutronenstreuexperimenten gewonnen werden, dienen zur Überprüfung der Modellrechnungen, von denen gegenwärtig mehrere einen Stand erreicht haben, der zumindest bei Kristallen mit zwei Atomen pro Elementarzelle eine gute Beschreibung der gemessenen Dispersionskurven gestattet.

Die den Gitterschwingungen quantentheoretisch zuzuordnenden Teilchen heißen *Phononen*; ein Phonon hat den Impuls $\hbar \mathbf{q}$ und die Energie $\hbar\omega$ und repräsentiert eine Einheitsanregung einer Gitterschwingung.

Phononen sind BOSE-Teilchen; im thermodynamischen Gleichgewicht ist daher eine Mode mit

$$n_q = \frac{1}{\exp\left(\hbar\omega_q \mid kT\right) - 1} \tag{3.1}$$

Phononen besetzt.

3.2. *Lokale Moden und Mischkristalle* [51–53]

Fremdatome und Gitterdefekte beeinflussen das Gitterschwingungsspektrum: Sie bewirken das Auftreten neuer Eigenfrequenzen und eine Veränderung der Amplitudenverteilung (und damit der elektrischen Dipolmomente) in den Bandmoden, die dem ungestörten Gitter entsprechen. Nach der Frequenzlage unterscheidet man

- lokale Moden mit Frequenzen oberhalb des optischen Bandes des Wirtskristalls,
- Gapmoden in der Frequenzlücke,
- Resonanzmoden im optischen oder akustischen Band.

Die ersten beiden sind räumlich stark lokalisiert, d. h., nur das Störatom und unmittelbar benachbarte Atome schwingen, die Schwingungsamplitude weit entfernter Atome ist verschwindend gering. Bei den Resonanzmoden haben dagegen auch weit von der Störstelle entfernte Atome endliche Schwingungsamplituden.

Ursache für die Frequenzänderung sind

1. die geänderte Masse des Störatoms,
2. Bindungskraftveränderungen infolge der Änderung der elektronischen Struktur des Kristalls in der Umgebung des Störatoms.

Die Berechnung des Frequenzspektrums gestörter Kristalle geht von gitterdynamischen Modellen des Wirtskristalls aus und muß berücksichtigen, daß durch Störatome die Translationssymmetrie des Kristalls gebrochen wird, so daß die Schwingungen keine ebenen Wellen mehr sind und damit der Ausbreitungsvektor $\boldsymbol{q}$ seine Bedeutung verliert. Dementsprechend werden relativ aufwendige GREEN-Funktion-Techniken benutzt [52], wobei in das Defektmodell die Kraftkonstanten zwischen Störatom und Wirtsatomen als Anpaßparameter eingehen.

Zur qualitativen Interpretation der Experimente zieht man häufig stark vereinfachte Modelle heran. Das einfachste ist das 1-Oszillator-Modell (nur das Störatom schwingt; die Kraftkonstanten seien die gleichen wie im Wirtskristall), was für die Frequenz der lokalen Mode

$$\omega_{\text{loc}} = \omega_{\text{TO}} \sqrt{\frac{M}{M_i}} \tag{3.2}$$

liefert, wobei M_i die Masse des Störatoms und M die reduzierte Masse der beiden Wirtsatome ist.

Weitergehende Aussagen liefern Berechnungen an endlichen zweiatomigen Ketten mit einem substituierten Störatom.

Die Beobachtung störstelleninduzierter Gitterschwingungen erfolgt im Infrarot- oder RAMAN-Spektrum oder als phononenassistierter Elektronenübergang (s. Abschn. 6.3.).

Die Identifizierung von Absorptions-, RAMAN- oder Lumineszenz-Linien als lokale Moden erfolgt häufig durch Messung der Isotopieverschiebung beim Einbau von zwei Isotopen des gleichen Elements. Wegen der Gleichheit der Kraftkonstanten sollte die Frequenzverschiebung $\Delta\nu$ nach (3.2) bei einer Massendifferenz ΔM den Wert

$$\frac{\Delta\nu}{\nu} = -\frac{\Delta M}{2M} \tag{3.3}$$

haben.

Mit wachsender Konzentration von Störatomen gehen die lokalisierten Moden in Gitterschwingungen von Mischkristallen mit der charakteristischen LO-TO-Aufspaltung über. Abb. 3.3 zeigt

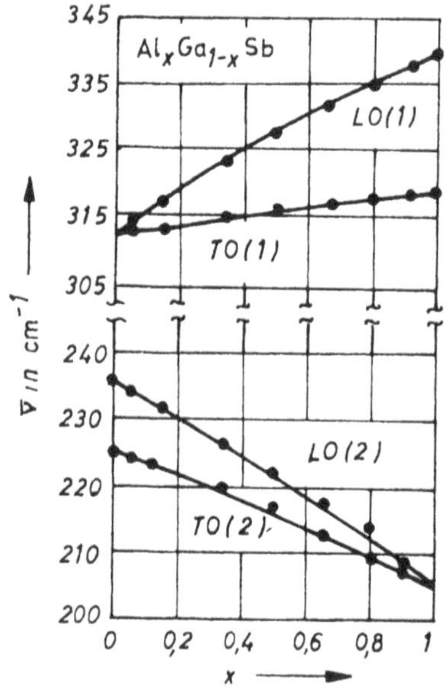

Abb. 3.3. Gitterschwingungen im System $Al_xGa_{1-x}Sb$ (nach [54]): Zweimodenverhalten

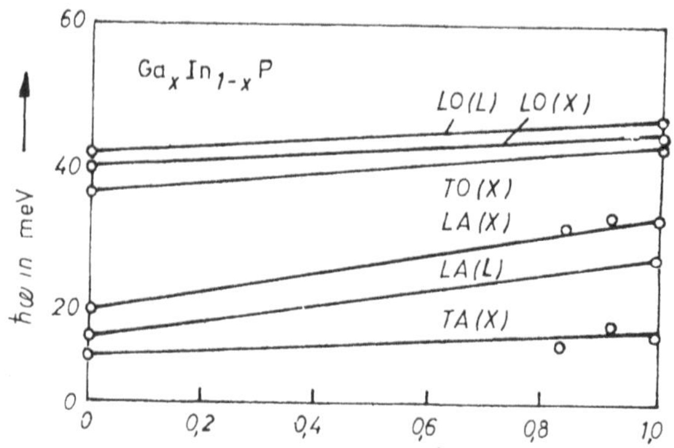

Abb. 3.4. Gitterschwingungen im System $Ga_xIn_{1-x}P$ (nach [56]): Einmodenverhalten. Die Frequenzen wurden aus der 2-Photonen-Absorption ermittelt, wodurch auch L- und X-Phononen erfaßt wurden.

das Verhalten der TO- und LO-Moden bei $\boldsymbol{q} = 0$ im System (Ga, Al)Sb [54]. Die Frequenzen wurden aus der Anpassung eines 2-Oszillator-Modells an die Reflexionskurven bestimmt. (Ga, Al)Sb zeigt wie die meisten anderen ternären Systeme Zweimodenverhalten: Im Mischkristall werden beide den beiden binären Kristallen GaSb und AlSb entsprechenden Gitterschwingungen mit wenig geänderten Frequenzen beobachtet, ihre Intensität ändert sich stark mit der Zusammensetzung.

Demgegenüber zeigt das System (Ga, In)P (Abb. 3.4) Einmodenverhalten: Ebenso wie in den binären Endkomponenten tritt auch im Mischkristall nur ein optisches Band auf [55, 57]. Zur theoretischen Beschreibung der Gitterschwingungen von Mischkristallen (und anderen ungeordneten Systemen) sind verschiedene Verfahren entwickelt worden, die fur einfache Modelle die Phononenzustandsdichte liefern [53]. Für die Interpretation experimenteller Befunde (z. B. der Infrarotabsorption) greift man jedoch meist auf relativ einfache Modelle zurück, indem man sich auf das Verhalten für lange Wellen ($\boldsymbol{q} \to 0$) beschränkt. Am leistungsfähigsten sind die sogenannten Isodisplacementmodelle [56, 57], die auf zwei Grundannahmen beruhen:

1. Alle Atome gleicher Sorte schwingen gleichphasig.
2. Jedes Atom unterliegt Kraftkonstanten, die sich aus dem entsprechend der chemischen Zusammensetzung gebildeten Mittelwert der Kraftkonstanten möglicher Nachbarn ergeben.

Diese Modelle beschreiben gut das Zweimodenverhalten, die Erklärung des Einmodenverhaltens hingegen erfordert Zusatzannahmen.

An Oberflächen und Grenzflächen existieren spezielle Wellentypen [58], über die aber bisher nur wenig experimentelles Material aus optischen Untersuchungen vorliegt.

4. Theorie der optischen Eigenschaften

Optische Übergänge im Festkörper betreffen streng genommen stets das gesamte Elektronensystem, so daß eine Vielelektronentheorie erforderlich wäre. Tatsächlich lassen sich jedoch die meisten optischen Erscheinungen durch eine Einelektronenbeschreibung in ihren Grundzügen erfassen: Vielelektroneneffekte müssen im allgemeinen erst bei feineren Betrachtungen berücksichtigt werden. Daher beschränken sich die folgenden Überlegungen auf Einteilchenanregungen; Vielteilcheneffekte wie Excitoneneinflüsse oder Plasmaschwingungen werden im Zusammenhang mit experimentellen Ergebnissen behandelt (s. Abschn. 5.2.2., 5.3.1. und 6.3.).

4.1. Phänomenologische Beschreibung

Im Rahmen der phänomenologischen Beschreibung wird das Licht als klassische elektromagnetische Welle durch die MAXWELL-Gleichungen, der Festkörper durch experimentell zu bestimmende *Materialkonstanten* beschrieben: Die Beschränkung auf homogene, raumladungsfreie unmagnetische Stoffe (Permeabilität $\mu = 1$) ergeben sich die Feldvektoren $\boldsymbol{E}$ und $\boldsymbol{H}$ der Lichtwelle aus dem Gleichungssystem

$$\left.\begin{aligned} \operatorname{rot} \boldsymbol{E} &= -\mu_0 \frac{\partial \boldsymbol{H}}{\partial t}, && (4.1\,\mathrm{a}) \\ \operatorname{rot} \boldsymbol{H} &= \varepsilon_0 \varepsilon_1 \frac{\partial \boldsymbol{E}}{\partial t} + \sigma \boldsymbol{E}, && (4.1\,\mathrm{b}) \\ \operatorname{div} \boldsymbol{E} &= 0, && (4.1\,\mathrm{c}) \\ \operatorname{div} \boldsymbol{H} &= 0, && (4.1\,\mathrm{d}) \end{aligned}\right\} \quad (4.1)$$

wobei an Grenzflächen die Tangentialkomponenten von $\boldsymbol{E}$ und $\boldsymbol{H}$ und die Normalkomponenten von $\boldsymbol{D} = \varepsilon_0 \varepsilon_1 \boldsymbol{E}$ und $\boldsymbol{B} = \mu_0 \boldsymbol{H}$ stetig sind.

ε_1 ist die (reelle) Dielektrizitätskonstante, σ die elektrische Leitfähigkeit.

Betrachtet man ferner nur monochromatische Wellen (in komdlexer Darstellung, Zeitabhängigkeit $e^{i\omega t}$), so läßt sich (4.1b) in der Form

$$\operatorname{rot} \boldsymbol{H} = i\omega\varepsilon_0\varepsilon^* \boldsymbol{E} \quad (4.1\,\mathrm{b}')$$

schreiben.

Die komplexe Dielektrizitätskonstante (DK) $\varepsilon^* = \varepsilon_1 - i\varepsilon_2$ $\left(\varepsilon_2 = \frac{\sigma}{\omega\varepsilon_0}\right)$ ist also der einzige Materialparameter, der die optischen Eigenschaften des Festkörpers enthält. $\varepsilon^*(\omega, \boldsymbol{k}_L)$ hängt von der Frequenz ω und dem Ausbreitungsvektor $\boldsymbol{k}_L$ der Lichtwelle ab und ist in Kristallen im allgemeinen eine tensorielle Größe.

Bei genügend starken Feldern (hohen Lichtintensitäten, z. B. bei Wechselwirkung mit Laserstrahlung) hängt ε^* außerdem auch von $\boldsymbol{E}$ und $\boldsymbol{H}$ ab, was die Beschreibung nichtlinearer optischer Erscheinungen und elektro- sowie magnetoptischer Effekte gestattet [S 36].

Im folgenden werden jedoch nur lineare optische Erscheinungen in optisch isotropen Medien (dazu gehören auch kubische Kristalle) behandelt, ε^* ist dann ein skalarer frequenzabhängiger Materialparameter, der im allgemeinen schwach temperaturabhängig ist.

Statt ε^* benutzt man häufig den komplexen Brechungsindex n^*; aus

$$\varepsilon_1 - \mathrm{i}\varepsilon_2 = \varepsilon^* = (n^*)^2 = (n - \mathrm{i}\varkappa)^2 = (n^2 - \varkappa^2) - 2\mathrm{i}n\varkappa \tag{4.2}$$

ergibt sich der Zusammenhang zwischen ε_1, ε_2 einerseits und dem (reellen) Brechungsindex n und dem Absorptionsindex $\varkappa$ andererseits;[1]) statt des (dimensionslosen) Absorptionsindex wird häufiger der Absorptionskoeffizient $\alpha = \frac{4\pi\varkappa}{\lambda_0}$ eingeführt (λ_0 — Vakuumwellenlänge). Damit ergibt sich die Energiestromdichte (Intensität) I einer in z-Richtung im Medium fortschreitenden Welle zu

$$I = I_0\,\mathrm{e}^{-\alpha z}. \tag{4.3}$$

Die Größen n und $\varkappa$ (bzw. α) lassen sich experimentell aus Reflexions- und Transmissionsmessungen an planparallelen Platten bestimmen.

Häufig sind keine genügend dünnen Platten herstellbar, man ist dann (vor allem bei großen Absorptionskoeffizienten) auf reine Reflexionsmessungen angewiesen. Maßgebend sind dann für senkrechten Einfall der Reflexionskoeffizient

$$R = \frac{(n-1)^2 + \varkappa^2}{(n+1)^2 + \varkappa^2} \tag{4.4a}$$

und der Phasenwinkel θ zwischen einfallender und reflektierter Welle, für den

$$\tan\theta = \frac{2\varkappa}{n^2 + \varkappa^2 - 1} \tag{4.4b}$$

gilt.

---

[1]) Gelegentlich wird auch die Form $n^* = n(1 - \mathrm{i}\varkappa)$ benutzt.

Zwischen Real- und Imaginärteil von ε^* bestehen die sogenannten Dispersionsbeziehungen (Kramers-Kronig-Beziehungen)

$$\varepsilon_1(\omega) = 1 + \frac{2}{\pi} \int_0^\infty \frac{\omega' \varepsilon_2(\omega')}{\omega'^2 - \omega^2} \, d\omega', \tag{4.5a}$$

$$\varepsilon_2(\omega) = -\frac{2\omega}{\pi} \int_0^\infty \frac{\varepsilon_1(\omega')}{\omega'^2 - \omega^2} \, d\omega', \tag{4.5b}$$

analog gilt z. B.

$$\theta(\omega) = -\frac{\omega}{\pi} \int_0^\infty \frac{\ln R(\omega')}{\omega'^2 - \omega^2} \, d\omega'. \tag{4.6}$$

Mittels dieser Beziehungen ist es z. B. möglich, allein aus der Berechnung von $\varepsilon_2(\omega)$ oder der Messung von $R(\omega)$ in einem genügend großen Spektralbereich die optischen Eigenschaften vollständig zu bestimmen. Letzteres ist vor allem wichtig, wenn infolge starker Absorption Transmissionsmessungen nicht möglich sind, so daß experimentelle Informationen nur aus Reflexionsmessungen zu erhalten sind.

Emissionsprozesse lassen sich phänomenologisch auf thermodynamischer Grundlage behandeln [S 37]; auch dafür ist das Absorptionsverhalten maßgebend.

Alle bisherigen Betrachtungen gelten für das thermodynamische Gleichgewicht des Festkörpers (das durch schwache Strahlungsfelder kaum gestört wird); bei merklichen Abweichungen davon (was inbesondere die Voraussetzung für nichtthermische Emissionsprozesse ist), müssen mikroskopische Überlegungen herangezogen werden.

4.2. *Absorption und induzierte Emission*

Mikroskopisch betrachtet ergeben sich die optischen Eigenschaften aus der Wechselwirkung der Lichtwelle mit dem Elektronensystem. Für die Berechnung beschränken wir uns auf die quasiklassische Näherung[1]). Das Elektronensystem wird quantenmechanisch, die Lichtwelle klassisch beschrieben. Dies reicht für die Beschreibung von induzierten Prozessen (insbesondere Absorptionsprozessen) völlig aus, ignoriert jedoch die Möglichkeit spontaner Prozesse (quantenmechanisch betrachtet ist ein angeregter Elektronenzustand stabil), daher müssen spontane Emissionsprozesse gesondert (auf thermodynamischer Grundlage) berechnet werden (s. Abschn. 4.4.).

Als weitere Voraussetzung nehmen wir an, daß die optische Energiedichte genügend klein ist, so daß der Gleichgewichtszustand des Elektronensystems nur unwesentlich gestört wird; dementsprechend wird die (zeitabhängige) Störungstheorie benutzt. Bei starken Resonanzen (z. B. mit Excitonen) versagt allerdings eine störungstheoretische Behandlung. Es bilden sich gemischte elektronisch-photonische Zustände, die als *(Exciton-)Polaritonen* bezeichnet werden [S 31]. In diesem Zusammenhang muß auch die phänomenologische Beschreibung optischer Erscheinungen grundlegend geändert werden [59].

Für die störungstheoretische Behandlung legen wir ohne Beschränkung der Allgemeinheit im Festkörper eine ebene in x-Richtung linear polarisierte[2]) und in z-Richtung fortschreitende Welle mit dem Vektorpotential

$$\boldsymbol{A} = (A_0 \, e^{i(\omega t - k_L z)}, 0, 0) \tag{4.7}$$

zugrunde; sie hat die Feldvektoren

$$\boldsymbol{E} = -\frac{\partial \boldsymbol{A}}{\partial t} = (E_0 \cdot e^{i(\omega t - k_L z)}, 0, 0) \quad \text{mit} \quad E_0 = i\omega A_0, \tag{4.7a}$$

$$\boldsymbol{H} = \frac{1}{\mu_0} \operatorname{rot} \boldsymbol{A} = \left(0, \frac{E_0}{\mu_0 v} e^{i(\omega t - k_L z)}, 0\right). \tag{4.7b}$$

Der (Einelektronen-)HAMILTON-Operator für das gekoppelte

---

1) Eine strenge Behandlung erfordert auch die Quantisierung des Strahlungsfeldes, d. h. quantenelektrodynamische Rechnungen [L 1].

2) Unter Polarisationsrichtung verstehen wir die Richtung des elektrischen Vektors.

System Elektron-Lichtwelle lautet

$$\hat{H} = \frac{1}{2m_0}(\hat{p} + A)^2 + U(\boldsymbol{r}) = -\frac{\hbar^2}{2m_0}\Delta + U(\boldsymbol{r})$$
$$+ \frac{e}{m_0}A \cdot \frac{\hbar}{\mathrm{i}}\,\mathrm{grad} + \frac{\mathrm{e}^2A^2}{2m_0}. \tag{4.8}$$

$\hat{H}_0 = -\frac{\hbar^2}{2m_0}\Delta + U(\boldsymbol{r})$ beschreibt das ungestörte Elektronensystem mit den (zeitunabhängigen) Eigenfunktionen $|n, \boldsymbol{p}\rangle$ zur Energie $\varepsilon_n(\boldsymbol{k})$; $\frac{e}{m_0}\boldsymbol{A} \cdot \frac{\hbar}{\mathrm{i}}\,\mathrm{grad} = H'(\boldsymbol{r})\,\mathrm{e}^{\mathrm{i}\omega t}$ stellt die (zeitabhängige) Störung dar; der letzte in A quadratische Term beschreibt nichtlineare optische Prozesse und wird vernachlässigt.

Statt über das Vektorpotential $\boldsymbol{A}$ kann man die Wechselwirkung näherungsweise auch unmittelbar in der Form

$$H'(\boldsymbol{r})\,\mathrm{e}^{\mathrm{i}\omega t} = -\hat{\boldsymbol{d}} \cdot \boldsymbol{E}$$

beschreiben, wobei $\hat{\boldsymbol{d}}$ der Operator des elektrischen Dipolmoments ist; man erhält so ebenfalls (4.9b).

Entsprechend der DIRACschen Störungstheorie bewirkt der Störoperator $H'(r)\,\mathrm{e}^{\mathrm{i}\omega t}$ Übergänge aus besetzten Zuständen $|v, \boldsymbol{k}\rangle$ in leere Zustände $|\mathrm{c}, \boldsymbol{k}'\rangle$; die Übergangswahrscheinlichkeit pro Zeiteinheit errechnet sich zu

$$w_{\mathrm{vc}}(\boldsymbol{k}, \boldsymbol{k}', \omega) = \frac{2\pi}{\hbar}\,|\langle \mathrm{v}, \mathrm{k}|\,H'(r)\,|\mathrm{c}, \mathrm{k}'\rangle|^2\,\delta(\varepsilon_{\mathrm{c}}(\boldsymbol{k}') - \varepsilon_{\mathrm{v}}(\boldsymbol{k}) - \hbar\omega). \tag{4.9}$$

Gleichung (4.9) wird als „Goldene Regel“ bezeichnet; die δ-Funktion bringt die Energieerhaltung zum Ausdruck. Eine zeitproportionale Übergangswahrscheinlichkeit entsprechend (4.9) erhält man nur für genügend breitbandige Strahlung, wie sie bei allen thermischen Strahlungsquellen vorliegt; für Laserstrahlung sind genauere Betrachtungen erforderlich [S 37].

Infolge der Translationssymmetrie des Kristalls ist

$$\langle \mathrm{v}, \boldsymbol{k}|\,H'(\boldsymbol{r})\,|\mathrm{c}, \boldsymbol{k}'\rangle = -\frac{\mathrm{ie}}{m_0\omega}E_0\,\langle \mathrm{v}, \boldsymbol{k}|\,\boldsymbol{p}\,\mathrm{e}^{-\mathrm{i}\boldsymbol{k}_L\boldsymbol{r}}\,|\mathrm{c}, \boldsymbol{k}'\rangle \tag{4.9a}$$

nur für

$$\hbar \boldsymbol{k}' = \hbar \boldsymbol{k} + \hbar \boldsymbol{k}_{\mathrm{L}} \tag{4.10}$$

von Null verschieden, d. h., beim Übergang bleibt der Gesamtimpuls erhalten. $\hbar \boldsymbol{k}_{\mathrm{L}}$ muß im allgemeinen nur im Gebiet der Röntgenstrahlen berücksichtigt werden; bei größeren Wellenlängen ist $\hbar \boldsymbol{k}_{\mathrm{L}}$ gegenüber den Elektronenimpulsen vernachlässigbar, d. h., rein elektronische Übergänge im optischen Bereich (direkte Übergänge) erfolgen im Bänderschema $\varepsilon_n(\boldsymbol{k})$ vertikal.

Der Faktor $\mathrm{e}^{-\mathrm{i}\boldsymbol{k}_{\mathrm{L}}\boldsymbol{r}} = 1 - \mathrm{i}\, \boldsymbol{k}_{\mathrm{L}}\boldsymbol{r} - \frac{1}{2}\,(\boldsymbol{k}_{\mathrm{L}}r)^2 - \ldots$ beschreibt die Ortsabhängigkeit der Feldstärke. Für genügend große Wellenlängen vernachlässigt man diese Ortsabhängigkeit; das Übergangsmatrixelement in (4.9a) wird dann mit dem Impulsmatrixelement

$$\boldsymbol{P}_{\mathrm{vc}} = \langle \mathrm{v}, \boldsymbol{k}|\, \hat{\boldsymbol{p}}\, |\mathrm{c}, \boldsymbol{k}'\rangle = \frac{\mathrm{i}\, m_0\omega}{e}\, \boldsymbol{D}_{\mathrm{vc}} \tag{4.11}$$

identisch, das wiederum proportional zum Dipolmatrixelement

$$\boldsymbol{D}_{\mathrm{vc}} = \langle \mathrm{v}, \boldsymbol{k}|\, \hat{\boldsymbol{d}}\, |\mathrm{c}, \boldsymbol{k}'\rangle = \langle \mathrm{v}, \boldsymbol{k}|\, e\boldsymbol{r}\, |\mathrm{c}, \boldsymbol{k}'\rangle$$

ist.

Für kurzwellige Röntgenstrahlung ($\boldsymbol{k}_{\mathrm{L}}$ groß) reicht diese sogenannte Dipolnäherung nicht immer aus; insbesondere dann, wenn das Dipolmatrixelement verschwindet, müssen das 2. und 3. Glied der Reihenentwicklung von $\mathrm{e}^{-\mathrm{i}\boldsymbol{k}_{\mathrm{L}}\boldsymbol{r}}$ berücksichtigt werden, die die magnetische Dipolstrahlung und die Quadrupolstrahlung beschreiben.

Mit (4.11) wird

$$\begin{aligned} w_{\mathrm{vc}}(\boldsymbol{k}, \boldsymbol{k}', \omega) &= \frac{2\pi}{\varepsilon_0\varepsilon_1\hbar} \left(\frac{e}{m_0\omega}\right)^2 (\varepsilon_0\varepsilon_1\boldsymbol{E}_0^2)\, |e\boldsymbol{P}_{\mathrm{vc}}|^2\, \delta(\varepsilon_{\mathrm{c}} - \varepsilon_{\mathrm{v}} - \hbar\omega) \\ &\quad \times \delta(\boldsymbol{k}' - \boldsymbol{k} - \boldsymbol{k}_{\mathrm{L}}) \\ &= \frac{2\pi}{\varepsilon_0\varepsilon_1\hbar}\, (\varepsilon_0\varepsilon_1\boldsymbol{E}_0^2)\, |e\boldsymbol{D}_{\mathrm{vc}}|^2\, \delta(\varepsilon_{\mathrm{c}} - \varepsilon_{\mathrm{v}} - \hbar\omega) \\ &\quad \times \delta(\boldsymbol{k}' - \boldsymbol{k} - \boldsymbol{k}_{\mathrm{L}})\,. \end{aligned} \tag{4.9b}$$

Die Größe $\varepsilon_0\varepsilon_1\boldsymbol{E}_0^2 = \frac{1}{2}\, \varepsilon_0\varepsilon_1\boldsymbol{E}_0^2 + \frac{1}{2}\, \mu_0\boldsymbol{H}_0^2$ ist die Energiedichte der einfallenden linear polarisierten Strahlung (die den magnetischen Anteil mit enthält), $\boldsymbol{e}$ ist der Einheitsvektor in Richtung von $\boldsymbol{E}_0$. Für unpolarisierte Strahlung ist $|\boldsymbol{e} \cdot \boldsymbol{P}_{vc}|^2$ bzw. $|\boldsymbol{e} \cdot \boldsymbol{D}_{vc}|^2$ durch den räumlichen Mittelwert $\frac{1}{3} |\boldsymbol{P}_{vc}|^2$ bzw. $\frac{1}{3} |\boldsymbol{D}_{vc}|^2$ zu ersetzen.

Gleichung (4.9b) gibt die Übergangswahrscheinlichkeit pro Zeiteinheit bei festem $\boldsymbol{k}$ an; meßbar ist dagegen die Übergangsrate $W_{vc}(\omega)$ (Zahl der Übergänge pro Volumen- und Zeiteinheit) bei beliebigem Ausgangszustand $|v, \boldsymbol{k}\rangle$. Dazu ist (4.9b) über alle $\boldsymbol{k}$-Zustände der Brillouin-Zone unter Berücksichtigung der Besetzung von Valenz- und Leitungsbandzuständen $f(\varepsilon_v)$ bzw. $f(\varepsilon_c)$ zu summieren:

$$W_{vc}(\omega) = \frac{2\pi}{3\varepsilon_0\varepsilon_1\hbar} (\varepsilon_0\varepsilon_1E_0^2) \int_{BZ} |D_{vc}|^2 \, \delta(\varepsilon_c - \varepsilon_v - \hbar\omega) \, \delta(\boldsymbol{k}' - \boldsymbol{k} - \boldsymbol{k}_L) \times f(\varepsilon_v) \, [1 - f(\varepsilon_c)] \, \frac{d^3\boldsymbol{k}}{4\pi^3}. \tag{4.12}$$

In Gleichung (4.12) sind die beiden möglichen Spinzustände des Elektrons berücksichtigt, wobei Spinerhaltung für den optischen Übergang besteht. Durch die Lichtwelle werden außer den Absorptionsprozessen auch Emissionsprozesse induziert, wenn der angeregte Zustand besetzt ist; die induzierte Übergangsrate ist

$$W_{cv}(\omega) = \frac{2\pi}{3\varepsilon_0\varepsilon_1\hbar} (\varepsilon_0\varepsilon_1\boldsymbol{E}_0^2) \int_{BZ} |\boldsymbol{D}_{vc}|^2 \, \delta(\varepsilon_c - \varepsilon_v - \hbar\omega) \, \delta(\boldsymbol{k}' - \boldsymbol{k} - \boldsymbol{k}_L) \times f(\varepsilon_c) \, [1 - f(\varepsilon_v)] \, \frac{d^3\boldsymbol{k}}{4\pi^3}. \tag{4.13}$$

Obwohl die Wahrscheinlichkeiten $w_{vc}(\boldsymbol{k}, \boldsymbol{k}', \omega) = w_{cv}(\boldsymbol{k}', \boldsymbol{k}, \omega)$ als Folge des Prinzips des detaillierten Gleichgewichts (d. h. der mikroskopischen Reversibilität) gleich sind, sind die Übergangsraten (bzw. die Leistungsdichten) für Absorption und induzierte Emission infolge der unterschiedlichen Besetzungen von Leitungs- und Valenzband drastisch verschieden. Insbesondere verschwindet bei tiefen Temperaturen im Gleichgewicht die Emission, da $f(\varepsilon_c) = 0$ wird.

Die absorbierte Leistungsdichte $Q_{abs} = W_{vc} \cdot \hbar\omega$ kann auch in der Form

$$Q_{abs} = \frac{1}{2}\,\sigma \boldsymbol{E}_0{}^2 = \frac{1}{2}\,\varepsilon_0\varepsilon_2\omega \boldsymbol{E}_0{}^2 \tag{4.14}$$

geschrieben werden (der Faktor $\frac{1}{2}$ resultiert aus der zeitlichen Mittelung), daraus erhält man (für tiefe Temperaturen)

$$\varepsilon_2(\omega) = \frac{4\pi}{3\varepsilon_0} \int_{BZ} |\boldsymbol{D}_{vc}|^2\, \delta(\varepsilon_c - \varepsilon_v - \hbar\omega)\, \frac{d^3\boldsymbol{k}}{4\pi^3}. \tag{4.15}$$

Aus $\varepsilon_2(\omega)$ kann man mittels der Kramers-Kronig-Beziehung (4.5a) den Realteil $\varepsilon_1(\omega)$ der elektronischen DK berechnen.

Ist speziell $\hbar\omega$ kleiner als die Breite E_g der verbotenen Zone, so ist dort $\varepsilon_2(\omega) = 0$, und es wird

$$\varepsilon_1(\omega) = n^2(\omega) = 1 + \frac{2}{\pi} \int_{E_g/\hbar} \frac{\omega'\varepsilon_2(\omega')}{\omega'^2 - \omega^2}\, d\omega'. \tag{4.16}$$

$\varepsilon_1(\omega)$ ist dabei die elektronische Dielektrizitätskonstante. Gleichung (4.16) kann in guter Näherung durch die Dispersionsformel eines Ersatzoszillators mit der Resonanzenergie $E_0 > E_g$ in der Form

$$n^2(\omega) = 1 + \frac{E_0 \cdot E_d}{E_0{}^2 - (\hbar\omega)^2} \tag{4.16a}$$

dargestellt werden [66]. E_d ist ein Maß für die Oszillatorstärke, d. h. für die Übergangswahrscheinlichkeit aller Band-Band-Übergänge.

Die Gleichungen (4.16) und (4.16a) gelten nur für Frequenzen oberhalb der Gitterresonanz; für niedrigere Frequenzen ist auch deren Beitrag zur DK bzw. zum Brechungsindex zu berücksichtigen.

4.3. *Kombinierte Zustandsdichte und kritische Punkte*

Gleichung (4.15) für $\varepsilon_2(\omega)$ ist keine praktikable Formel für eine qualitative Interpretation von Experimenten, da zu ihrer Auswertung nicht nur die Bandstruktur $\varepsilon_n(\boldsymbol{k})$, sondern für die Berechnung von $\boldsymbol{P}_{vc}$ auch die zugehörigen Wellenfunktionen bekannt sein müssen. Häufig nimmt man daher an, daß sich $\boldsymbol{P}_{vc}$ nur schwach mit $\boldsymbol{k}$ ändert und vor das Integral gezogen werden kann. Das verbleibende Integral ϱ_{vc}, die sogenannte *kombinierte Zustandsdichte*, läßt sich durch Integration über eine isoenergetische Fläche $\varepsilon_c - \varepsilon_v = \hbar\omega$ allein aus der Bandstruktur berechnen:

$$\varrho_{vc}(\omega) = \frac{1}{4\pi^3} \int_{BZ} \delta(\varepsilon_c - \varepsilon_v - \hbar\omega)\, d^3\boldsymbol{k} = \frac{1}{4\pi^3} \int_{\varepsilon_c - \varepsilon_v = \hbar\omega} \frac{d\delta}{|\text{grad}_{\boldsymbol{k}}\, \varepsilon_c - \varepsilon_v)|}. \tag{4.17}$$

Näherungsweise wird damit

$$\varepsilon_2(\omega) = \frac{4\pi\hbar^2 e^2 |\boldsymbol{P}_{vc}|^2}{3\varepsilon_0 m^2 \omega^2}\, \varrho_{vc}(\omega) = \frac{4\pi\hbar^2 |\boldsymbol{D}_{vc}|^2}{3\varepsilon_0}\, \varrho_{vc}(\omega). \tag{4.15a}$$

ϱ_{vc} hat charakteristische Strukturen (*Van-Hove-Singularitäten*) an den sogenannten kritischen Punkten, an denen $\text{grad}_{\boldsymbol{k}} (\varepsilon_c - \varepsilon_v) = 0$ ist (die Bänder, zwischen denen der Übergang auftritt, laufen im $\boldsymbol{k}$-Raum parallel).

Die Reihenentwicklung von $\varepsilon_c - \varepsilon_v$ hat an einem kritischen Punkt $\boldsymbol{k}_0$ die Form

$$\varepsilon_c(\boldsymbol{k}) - \varepsilon_v(\boldsymbol{k}) \doteq E_{kr}(\boldsymbol{k}_0) = \sum_{i=1}^{3} \frac{\hbar^2}{2m_i} (k_i - k_{i0})^2,$$

wobei die m_i die effektiven Massen im Punkte $\boldsymbol{k}_0$ sind.

Je nach Vorzeichen der m_i unterscheidet man vier Typen kritischer Punkte (s. Tab. 4.1), die eine charakteristische Energieabhängigkeit von ϱ_{vc} aufweisen (Abb. 4.1).

Die wesentlichsten Strukturen von $\varepsilon_2(\omega)$ und damit des Reflexions- bzw. Absorptionsspektrums werden durch derartige kritische Punkte in der Bandstruktur hervorgerufen; allerdings modifizieren die Energieabhängigkeit von $\boldsymbol{P}_{vc}$ sowie Excitoneneffekte den in Abb. 4.1 angegebenen Verlauf.

Das Impulsmatrixelement

$$\boldsymbol{P}_{vc} = \frac{\hbar}{i} \langle v, \boldsymbol{k}|\, \text{grad}\, |c, \boldsymbol{k}'\rangle = \frac{\hbar}{i} \int_{\text{Elementarzelle}} u_{v\boldsymbol{k}}[\text{grad}\, u_{c\boldsymbol{k}'} + i\boldsymbol{k} u_{c\boldsymbol{k}'}]\, d^3\boldsymbol{r}$$

enthält zwei Summanden. Ist der erste von Null verschieden, so ist der zweite, zu $\boldsymbol{k}$ proportionale, vernachlässigbar, da er für $\boldsymbol{k} = \boldsymbol{k}'$ wegen der Orthogonalität der $u_{n\boldsymbol{k}}(\boldsymbol{r})$ verschwindet.

Tabelle 4.1.
Kritische Punkte in der Zustandsdichte [L 10]
E_0 ist eine positive Energie, die den Verlauf in der Umgebung von E_{kr} nur unwesentlich beeinflußt

Bezeichnung	Typ	Vorzeichen von m_1 m_2 m_3	Energieabhängigkeit für $\hbar\omega < E_{kr}$	$\hbar\omega > E_{kr}$
M_0	Minimum	+ + +	0	$\sim \sqrt{\hbar\omega - E_{kr}}$
M_1	Sattelpunkt	+ + −	$\sim [\sqrt{E_0 + (E_{kr} - \hbar\omega)} - \sqrt{E_{kr} - \hbar\omega}]$	$\sim \sqrt{E_0 - (\hbar\omega - E_{kr})}$
M_2	Sattelpunkt	+ − −	$\sim \sqrt{E_0 - (E_{kr} - \hbar\omega)}$	$\sim [\sqrt{E_0 + (\hbar\omega - E_{kr})} - \sqrt{\hbar\omega - E_{kr}}]$
M_3	Maximum	− − −	$\sim \sqrt{E_{kr} - \hbar\omega}$	0

Für einen derartigen erlaubten Übergang ist $\boldsymbol{P}_{vc}$ praktisch energieunabhängig. Dagegen ist bei einem verbotenen Übergang (wenn der erste Summand verschwindet) der $\boldsymbol{k}$-proportionale Anteil maßgebend, und $|\boldsymbol{P}_{vc}|^2 \sim k^2$ wird relativ stark energie-

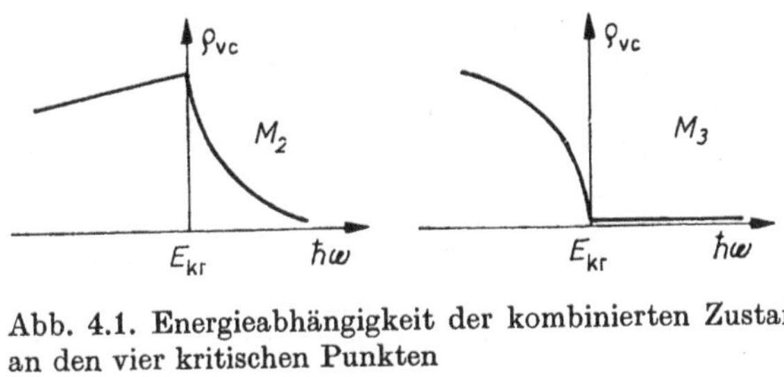

Abb. 4.1. Energieabhängigkeit der kombinierten Zustandsdichte an den vier kritischen Punkten

abhängig. Dies macht sich insbesondere im Verlauf der Absorptionskante (M_0-Übergang) bemerkbar (s. Abschn. 5.2.2.). Excitoneneffekte bewirken Feinstrukturen, die im Abschnitt 5.2. genauer diskutiert werden.

4.4. Spontane Emission [S 37]

Außer der Absorption und der induzierten Emission existiert auch die spontane Emission von Strahlung aus dem angeregten Zustand des Elektronensystems; die entsprechende Übergangsrate $W_{sp}(\omega)$ ist unabhängig von der vorhandenen Energiedichte.

Die Berechnung von W_{sp} erfolgt am einfachsten auf thermodynamischer Grundlage. Dazu betrachten wir das Elektronensystem im thermodynamischen Gleichgewicht mit der Strahlung eines schwarzen Körpers gleicher Temperatur.

Die Aufrechterhaltung des thermodynamischen Gleichgewichts bedingt die Gleichheit der Übergangsraten fur Emissions- und Absorptionsprozesse für jedes Paar von Zuständen ($\boldsymbol{k}$, $\boldsymbol{k}' = \boldsymbol{k} + \boldsymbol{k}_L$), d. h., es muß gelten

$$w_{vc}(\boldsymbol{k}, \boldsymbol{k}', \omega)\, f(\varepsilon_v)\, [1 - f(\varepsilon_c)] = [w_{cv}(\boldsymbol{k}', \boldsymbol{k}, \omega) + w_{sp}(\boldsymbol{k}', \boldsymbol{k}, \omega)]\, f(\varepsilon_c)\, [1 - f(\varepsilon_v)]. \tag{4.18}$$

Setzt man die FERMI-Verteilungen ein, so wird mit $w_{vc} = w_{cv}$

$$w_{sp} = w_{cv}[\exp(h\nu/kT) - 1]. \tag{4.19}$$

Da der Faktor $[\exp(h\nu/kT) - 1]$ unabhängig von $\boldsymbol{k}$ ist, gilt dieser Zusammenhang (4.19) auch für die integrierten Übergangsraten $W_{sp}(\omega)$ und $W_{cv}(\omega)$.

Schreibt man unter Benutzung der EINSTEIN-Koeffizienten B_{12}, B_{21} und A_{21} und der spektralen Energiedichte $\varrho(\nu)$

$$W_{vc} = B_{12} \cdot \varrho(\nu) \quad \text{für die Absorption,} \tag{4.20a}$$

$$W_{cv} = B_{21} \cdot \varrho(\nu) \quad \text{für die induzierte Emission,} \tag{4.20b}$$

$$W_{sp} = A_{21} \quad \text{für die spontane Emission,} \tag{4.20c}$$

so wird mit der spektralen Energiedichte (Energiedichte pro Frequenzintervall) des schwarzen Strahlers

$$\varrho_s(\nu) = \frac{8\pi h\nu^3}{c^3\,[\exp(h\nu/kT) - 1]} = \frac{N(\nu)\cdot h\nu}{[\exp(h\nu/kT) - 1]}, \tag{4.21}$$

$$A_{21} = B_{21}\cdot\frac{8\pi h\nu^3}{c^3} = B_{21}\cdot N(\nu)\cdot h\nu. \tag{4.22}$$

$N(\nu) = \frac{8\pi\nu^2}{c^3}$ ist die Modendichte eines Hohlraums (Zahl der elektromagnetischen Eigenschwingungen pro Volumeneinheit mit Frequenzen zwischen ν und $\nu + d\nu$), $\frac{1}{[\exp(h\nu/kT) - 1]}$ ist die mittlere Zahl der Photonen pro Mode.

Die spontane Emission wird also ebenso wie die induzierte durch den Faktor

$$B_{21} = \frac{2\pi}{3\varepsilon_0\varepsilon_1\hbar}\int\limits_{BZ} |\boldsymbol{D}_{vc}|^2\,\delta(\varepsilon_c - \varepsilon_v - \hbar\omega)\,\delta(\boldsymbol{k}' - \boldsymbol{k} - \boldsymbol{k}_L)\,f(\varepsilon_c)$$
$$\times[1 - f(\varepsilon_v)]\,\frac{d^3\boldsymbol{k}}{4\pi^3} \tag{4.13a}$$

bestimmt und hat daher bis auf den zusätzlichen Faktor ν^3 die gleiche spektrale Verteilung.

In einem beliebigen Strahlungsfeld mit der spektralen Photonendichte $n(\nu)$ ist das Verhältnis von induzierter zu spontaner Emission gleich

$$\frac{W_{cv}}{W_{sp}} = \frac{n(\nu)}{N(\nu)} = \text{Zahl der Photonen/Mode.}$$

In allen mit konventionellen Strahlungsquellen erreichbaren optischen Feldern ist die Zahl der Photonen pro Mode $\ll 1$, d. h., es dominiert die spontane Emission.

4.5. *Phononenbegleitete Übergänge*

Elektronenübergänge im Festkörper können grundsätzlich bei gleichzeitiger Änderung des Schwingungszustandes des Gitters erfolgen; man spricht dann von *phononenbegleiteten (phononen-*

assistierten) Übergängen. Im Unterschied dazu werden rein elektronisch bedingte Übergänge auch als *Nullphononenübergänge* bezeichnet. Je nach Stärke äußert sich die Elektron-Phonon-Kopplung in unterschiedlicher Weise; eine einheitliche Theorie für beliebige Kopplungsstärken existiert nicht.

Bei schwacher Kopplung beschreibt man den phononenbegleiteten optischen Übergang als Dreierstoßprozeß zwischen Lichtquant, Elektron und einem Phonon des ungestörten Gitters, für den Energie- und Impulssatz erfüllt sein müssen; Mehrphononenprozesse werden dabei vernachlässigt. Diese Behandlung ist den Verhältnissen im Idealkristall mit weit ausgedehnten Wellenfunktionen angepaßt. Experimentell machen sich Dreierstoßprozesse als sogenannte indirekte Übergänge (zwischen Bandzuständen mit unterschiedlichen $\boldsymbol{k}$-Werten) in Spektralbereichen bemerkbar, in denen direkte Übergänge (Nullphononenübergänge zwischen Bandzuständen mit gleichen $\boldsymbol{k}$-Werten) verboten sind; auch Übergänge im Bereich flacher Störstellen sind so zu beschreiben.

Bei optischen Übergängen im Bereich von Störstellen mit stark lokalisierten Wellenfunktionen ist meist auch die Elektron-Phonon-Kopplung stark, da der Übergang mit beträchtlichen Änderungen der Ladungsdichteverteilung verbunden ist. Dabei ist oft die lokale Änderung des Gitterschwingungsspektrums durch die Störstelle zu berücksichtigen, so daß bevorzugt lokale Moden statt Moden des Idealgitters ankoppeln. Die Beschreibung derartiger Situationen erfolgt im Rahmen des *Konfigurationskoordinatenmodells* (Abschn. 4.5.2.); die Übergänge werden auch als vibronische Übergänge bezeichnet.

Besondere Verhältnisse liegen vor, wenn der elektronische Grundzustand einer Störstelle ohne Berücksichtigung der Elektron-Phonon-Wechselwirkung bahnentartet wäre. In diesem Fall erfolgt durch die Kopplung eine Gitterdeformation; zu der neuen niedersymmetrischen Gleichgewichtslage gehört dann ein nicht entarteter elektronischer Zustand (JAHN-TELLER-Effekt). Die elektronische Entartung wird dabei durch eine Entartung hinsichtlich der Gitterschwingungen ersetzt [60, 61].

Schließlich führt die Elektron-Phonon-Kopplung auch zu der Möglichkeit *strahlungsloser Prozesse* (Elektronenübergänge ohne Beteiligung von Lichtquanten), die als Konkurrenzprozesse zu strahlenden Übergängen häufig die Lebensdauer angeregter Zustände dominierend bestimmen.

4.5.1. Indirekte Übergänge im Idealkristall

Nichtvertikale (indirekte) Elektronenübergänge mit Energien im optischen Bereich (d. h. bei vernachlässigbar kleinem Wellenzahlvektor $\boldsymbol{k}_L$ der Lichtwelle) sind im Idealkristall nur möglich, wenn außer dem Photon und dem Elektron als drittes Teilchen ein Phonon beteiligt ist, das die Impulsbilanz gewährleistet. Als Dreierstöße haben diese Prozesse geringe Übergangswahrscheinlichkeiten, sie sind daher nur in Spektralbereichen beobachtbar, in denen keine direkten Übergänge auftreten. Dies betrifft den Bereich der Bandkante indirekter Materialien und die durch Intrabandübergänge verursachte Absorption durch quasifreie Ladungsträger.

Indirekte Übergänge zwischen zwei Bändern lassen sich als optische Übergänge (vertikal), die mit Elektron- oder Lochstreuprozessen gekoppelt sind, auffassen (Abb. 4.2).

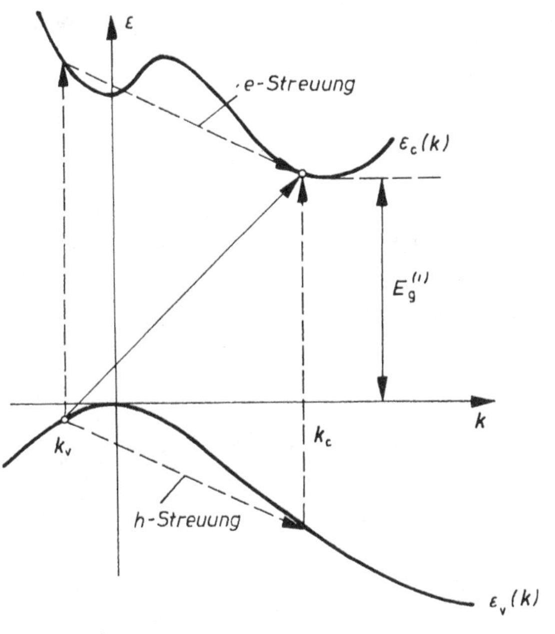

Abb. 4.2. Indirekter Übergang $\varepsilon_v(\boldsymbol{k}_v) \to \varepsilon_c(\boldsymbol{k}_c)$ zwischen zwei Bändern, aufgefaßt als direkter (vertikaler) Übergang, der mit einer Elektronen- (e) oder Löcherstreuung (h) gekoppelt ist

Der Impulserhaltungssatz muß (im räumlich weit ausgedehnten System) für jeden Teilprozeß erfüllt sein. Dies bedingt (bei $\boldsymbol{k}_L = 0$) für den Wellenzahlvektor $\boldsymbol{q}$ des beteiligten Phonons:

$$\boldsymbol{q} = \boldsymbol{k}_c - \boldsymbol{k}_v. \tag{4.23}$$

Dagegen kann für den Einzelprozeß fur kurze Zeiten Δt wegen der Energie-Zeit-Unschärfe $\Delta E \cdot \Delta t \geqq \hbar$ der Energiesatz verletzt werden; er gilt nur für den Gesamtprozeß und führt auf Schwellenenergien

$$\hbar\omega^{(s)} = E^{(i)} \pm \hbar\omega_{\boldsymbol{q}}. \tag{4.24}$$

Das positive Vorzeichen entspricht der Emission (Erzeugung) eines Phonons bei optischer Anregung, das negative der Absorption (Vernichtung).

Für Photonenenergien $\hbar\omega$ oberhalb der Schwellenenergie $\hbar\omega^{(s)}$ liefert die Summation über alle energieerhaltenden Übergänge zwischen Valenz- und Leitungsband [S 39] die Absorptionskoeffizienten (e Emission, a Absorption)

$$\alpha_e(\omega) = A_e[\hbar\omega - (E_g^{(i)} + \hbar\omega_{\boldsymbol{q}})]^2 \cdot (n_{\boldsymbol{q}} + 1) \quad \text{fur} \quad \hbar\omega \geqq E_g^{(i)} + \hbar\omega_{\boldsymbol{q}}, \tag{4.25a}$$

$$\alpha_a(\omega) = A_a[\hbar\omega - (E_g^{(i)} + \hbar\omega_{\boldsymbol{q}})]^2 \cdot n_{\boldsymbol{q}} \quad \text{für} \quad \hbar\omega \geqq E_g^{(i)} - \hbar\omega_{\boldsymbol{q}}. \tag{4.25b}$$

A_e und A_a sind frequenzunabhängige Konstanten,

$$n_{\boldsymbol{q}} = [\exp(\hbar\omega_{\boldsymbol{q}}/kT) - 1]^{-1} \tag{4.26}$$

ist die mittlere Zahl der Phononen in der Mode $\hbar\omega_{\boldsymbol{q}}$ bei der Temperatur T. (Der Summand $+1$ in der Phononendichte bei der Emission entspricht den bei tiefen Temperaturen dominierenden spontanen Prozessen.)

Übergänge freier Träger innerhalb eines Bandes können völlig analog berechnet werden. Einfacher ist es jedoch, von der (klassischen) Bewegung freier Träger mit einer effektiven Masse m^* im elektrischen Wechselfeld der Frequenz ω auszugehen, wobei der magnetische Anteil der Lichtwelle vernachlässigt wird. Bei energieunabhängiger Relaxationszeit τ führt dies zu einer Hochfrequenzleitfähigkeit

$$\sigma^*(\omega) = \frac{Ne^2}{m^*} \frac{\tau}{1 + i\omega\tau} = \frac{\sigma_0}{1 + i\omega\tau}. \tag{4.27}$$

Berucksichtigt man die Energieabhängigkeit $\tau(\varepsilon)$, so ist in σ_0 die Größe τ durch den Mittelwert

$$\langle\tau\rangle = -\frac{2}{3} \int_0^\infty \tau(\varepsilon)\, \varepsilon^{3/2} \frac{\partial f_0}{\partial \varepsilon}\, d\varepsilon \Big/ \int_0^\infty \varepsilon^{1/2} f_0\, d\varepsilon \tag{4.28}$$

über die Trägerverteilungsfunktion f_0 zu ersetzen.

Fur die optischen Konstanten erhält man analog

$$n^2 - \varkappa^2 = \varepsilon_\infty - \frac{Ne^2}{\varepsilon_0 m^* \omega} \left\langle \frac{\omega\tau^2}{1 + \omega^2\tau^2} \right\rangle \tag{4.29a}$$

und

$$2n\varkappa = \frac{Ne^2}{\varepsilon_0 m^* \omega} \left\langle \frac{\tau}{1 + \omega^2\tau^2} \right\rangle; \tag{4.29b}$$

dabei ist ε_∞ die hochfrequente (optische) DK des trägerfreien Wirtskristalls. Dies führt bei geringer Absorption ($\alpha \ll n$) auf

$$\alpha = \frac{4\pi\varkappa}{\lambda_0} = \frac{Ne^2}{\varepsilon_0 ncm^*} \left\langle \frac{\tau}{1 + \omega^2\tau^2} \right\rangle. \tag{4.29c}$$

Für $\omega\tau \gg 1$ (nicht zu große Wellenlängen) ergibt sich daraus als klassische Näherung

$$\alpha_{\mathrm{kl}} = \frac{Ne^2}{\varepsilon_0 ncm^*} \left\langle \frac{1}{\tau} \right\rangle \frac{1}{\omega^2} \sim \frac{N}{m^*} \lambda^2. \tag{4.29d}$$

Diese Betrachtung ist jedoch nur fur $\hbar\omega < kT$ zutreffend; im umgekehrten Fall $\hbar\omega > kT$ sind quantenmechanische Berechnungen mittels Störungstheorie 2. Ordnung analog zur Behandlung der Absorption an einer indirekten Kante erforderlich [62].

In guter Näherung kann man jedoch in (4.29d) den Mittelwert $\left\langle \frac{1}{\tau} \right\rangle$ durch die reziproke Relaxationszeit $\tau^{-1}(\hbar\omega)$ ersetzen: Entsprechend Abb. 4.2 erfolgt nach der Absorption eines Lichtquants der Energie $\hbar\omega$ eine Streuung des Teilchens, für die $\tau(\hbar\omega)$ maßgebend ist. Damit wird

$$\alpha \sim \frac{N\lambda^2}{m^*\tau(\hbar\omega)} \sim \lambda^p. \tag{4.29e}$$

Der Exponent $p = 2 - r$ wird durch die Energieabhängigkeit der Relaxationszeit $\tau(\varepsilon) \sim \varepsilon^r$ bestimmt, wobei sich r aus der Art des dominierenden Streumechanismus ergibt. Beispielsweise gilt für die Streuung an akustischen Phononen: $r = \frac{1}{2}$ $(p = 1{,}5)$; für die Streuung an geladenen Störstellen: $r = -\frac{3}{2}$ $(p = 3{,}5)$.

4.5.2. *Phononenbegleitete Störstellenübergänge*

Für phononenbegleitete Übergänge im Bereich flacher Störstellen gelten die gleichen Überlegungen wie für Übergänge im Idealkristall, da die Wellenfunktionen räumlich weit ausgedehnt sind: Nur impulserhaltende Phononen sind mit den optischen Übergängen gekoppelt. Da Störstellenübergänge energetisch unterhalb der Absorptionskante liegen, sind auch in direkten Materialien Phononensatelliten beobachtbar; in diesem Falle koppeln Phononen mit $\boldsymbol{q} = 0$ an.

Sind die Wellenfunktionen etwas stärker lokalisiert, können an einem Übergang gleichzeitig mehrere Phononen beteiligt sein, die in der Summe die Impulserhaltung garantieren.

Für wirklich stark lokalisierte Wellenfunktionen, wie sie insbesondere bei tiefen Störstellen vorliegen, spielt die Impulserhaltung beim optischen Übergang wegen der Ort-Impuls-Unschärfebeziehung keine Rolle: Phononen zu beliebigen $\boldsymbol{q}$-Vektoren koppeln mehr oder weniger stark an. Es entstehen dadurch breit ausgedehnte sogenannte *vibronische Seitenbänder* [64] neben der Nullphononenlinie, die in ihren wesentlichen Strukturen die Modendichte des Gitterschwingungsspektrums widerspiegeln (modifiziert durch eine frequenzabhängige Gewichtsfunktion, durch die bestimmte Auswahlregeln für die Ankopplung berücksichtigt werden). Allerdings ist zu beachten, daß es sich dabei um das Spektrum des gestörten Kristalls handelt, in dem lokale Moden stark ausgeprägt sein können, und daß Mehrphononenprozesse beteiligt sein können (s. Abb. 6.9).

Die quantitative Beschreibung phononenbegleiteter Prozesse erfolgt häufig im Rahmen von *Konfigurationskoordinatendiagrammen* (CC-Diagrammen) [65, S 41]. In der eindimensionalen Version (Abb. 4.3) trägt man dazu die Elektronenenergie als Funktion einer Konfigurationskoordinate Q auf. Q ist die zu der betreffenden

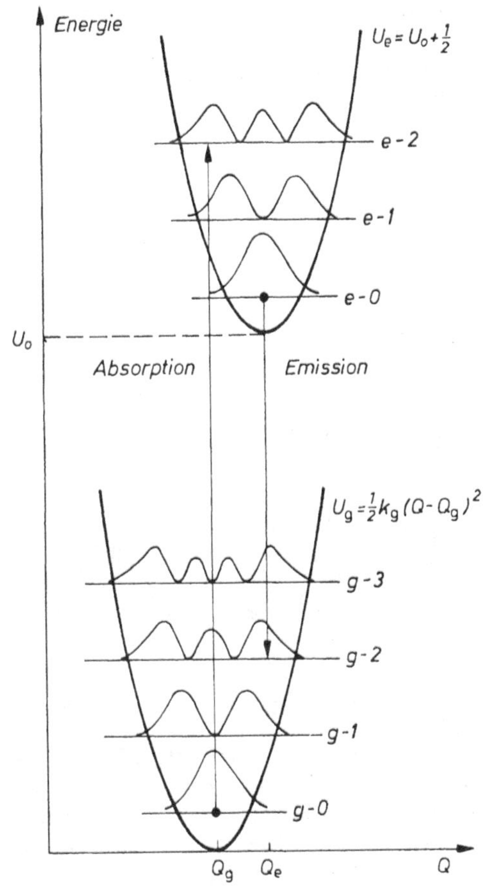

Abb. 4.3. Eindimensionales Konfigurationskoordinatendiagramm. Eingezeichnet sind die Aufenthaltswahrscheinlichkeiten in den verschiedenen Oszillatorzuständen und die dem FRANCK-CONDON-Prinzip entsprechenden phononenbegleiteten Übergänge maximaler Absorptions- bzw. Emissionswahrscheinlichkeit.

Gitterschwingung gehörende Normalkoordinate, im einfachsten Fall einer lokalisierten totalsymmetrischen Schwingung der Abstand der nächsten Nachbarn von der emittierenden Störstelle. Die so erhaltenen Potentialkurven für Grund- (g) und angeregten (e) Zustand sind im Sinne der adiabatischen Näherung die Kurven potentieller Energie für die Gitterschwingung in dem betreffenden Zustand; in erster (harmonischer) Näherung Parabeln mit im allgemeinen gegeneinander verschobenen Gleichgewichtslagen und unterschiedlichen Krümmungen.

Zu jedem Elektronenzustand gehören Schwingungszustände (g — n) bzw. (e — n'), wobei n bzw. n' die Oszillatorquantenzahlen sind, d. h., die Schwingungszustände haben die Energien

$$E_{\mathrm{g}}(n) = \hbar\omega_{\mathrm{g}}\left(n + \frac{1}{2}\right) \tag{4.30a}$$

und

$$E_{\mathrm{e}}(n') = U_0 + \hbar\omega_{\mathrm{e}}\left(n' + \frac{1}{2}\right). \tag{4.30b}$$

Die zugehörigen Wellenfunktionen

$$\Phi_{\mathrm{i}k} = \psi_{\mathrm{i}}(Q, \boldsymbol{r}) \cdot \varphi_k^{(\mathrm{i})}(Q) \tag{4.31}$$

(i = e, g; $k = n, n'$) sind Produkte aus den Elektronenfunktionen ψ_{i}, die noch von der Konfigurationskoordinate Q abhängen, und den Eigenfunktionen $\varphi_k^{(\mathrm{i})}(Q)$ des (harmonischen) Oszillators für den Zustand i.

Die Übergangswahrscheinlichkeit $w_{nn'}$ ergibt sich näherungsweise zu

$$w_{nn'} = |\boldsymbol{D}_{\mathrm{ge}}|^2 \cdot \left|\int \varphi_n^{(\mathrm{g})*}(Q - Q_{\mathrm{g}})\, \varphi_{n'}^{(\mathrm{e})}(Q - Q_{\mathrm{e}})\, \mathrm{d}Q\right|^2. \tag{4.32}$$

Dabei ist das elektronische Dipolmatrixelement $\boldsymbol{D}_{\mathrm{ge}}$ als Q-unabhängig angenommen (*Condon-Näherung*); damit ist die Übergangswahrscheinlichkeit durch die Überlappung der Oszillatoreigenfunktionen gegeben. Gleichung (4.32) ist der Ausgangspunkt für die Berechnung der Linienform vibronischer Übergänge im Rahmen des CC-Modells. In realen Fällen sind allerdings meist mehrere (viele) Normalschwingungen zu berücksichtigen, was zu vieldimensionalen CC-Diagrammen führt.

In dem Spezialfall einer einzigen dominierenden Schwingung, gleichen Schwingungsfrequenzen $\omega_{\mathrm{e}} = \omega_{\mathrm{g}} = \omega_0$ und tiefen Temperaturen ergeben sich äquidistante Übergangsfrequenzen

$$h\nu_{nn'} = U_0 \pm \hbar\omega_0 p \tag{4.33}$$

(+ für Absorption, − für Emission; $p = n' - n$ bzw. $n - n'$ ist die Zahl der beteiligten Phononen) mit der Intensitätsverteilung

$$I(p) = e^{-S} \frac{S^p}{p!}. \tag{4.34}$$

Diese Poisson-Verteilung hat ein Maximum bei $\bar{p} = S$; der Huang-Rhys-Faktor S ist damit die mittlere Zahl der beim Übergang emittierten Phononen. S ist gleichzeitig ein Maß für die Stärke der Elektron-Phonon-Kopplung und für die Verschiebung der Potentialkurven, es gilt

$$S = \frac{1}{2} \frac{m\omega_0}{\hbar} (Q_e - Q_g)^2. \tag{4.35}$$

Bei vielen Schwingungen überlagern sich die Linien zu einer strukturlosen Bande, wobei bei nicht zu starker Kopplung ($S \leq 5$) die (unverbreiterte) Nullphononenlinie noch nachweisbar ist.

5. Elektronenübergänge im Idealkristall

Abb. 5.1 zeigt als typisches Beispiel für einen Isolator das Absorptionsspektrum von NaCl. Der gesamte kurzwellige Teil bis zur fundamentalen Absorptionskante bei ca. 200 nm ist auf *elek-*

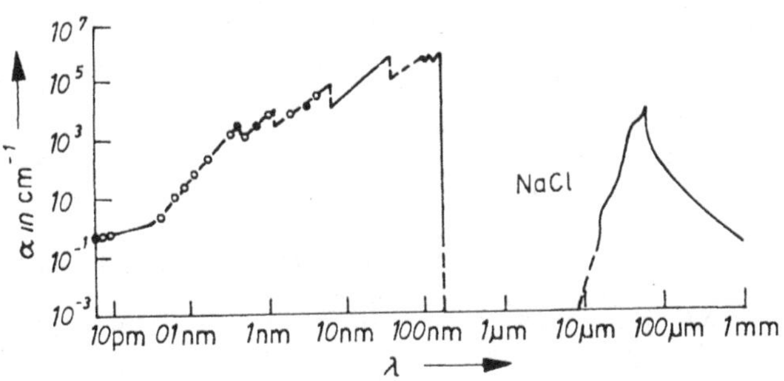

Abb. 5.1. Übersicht über das Absorptionsspektrum von NaCl

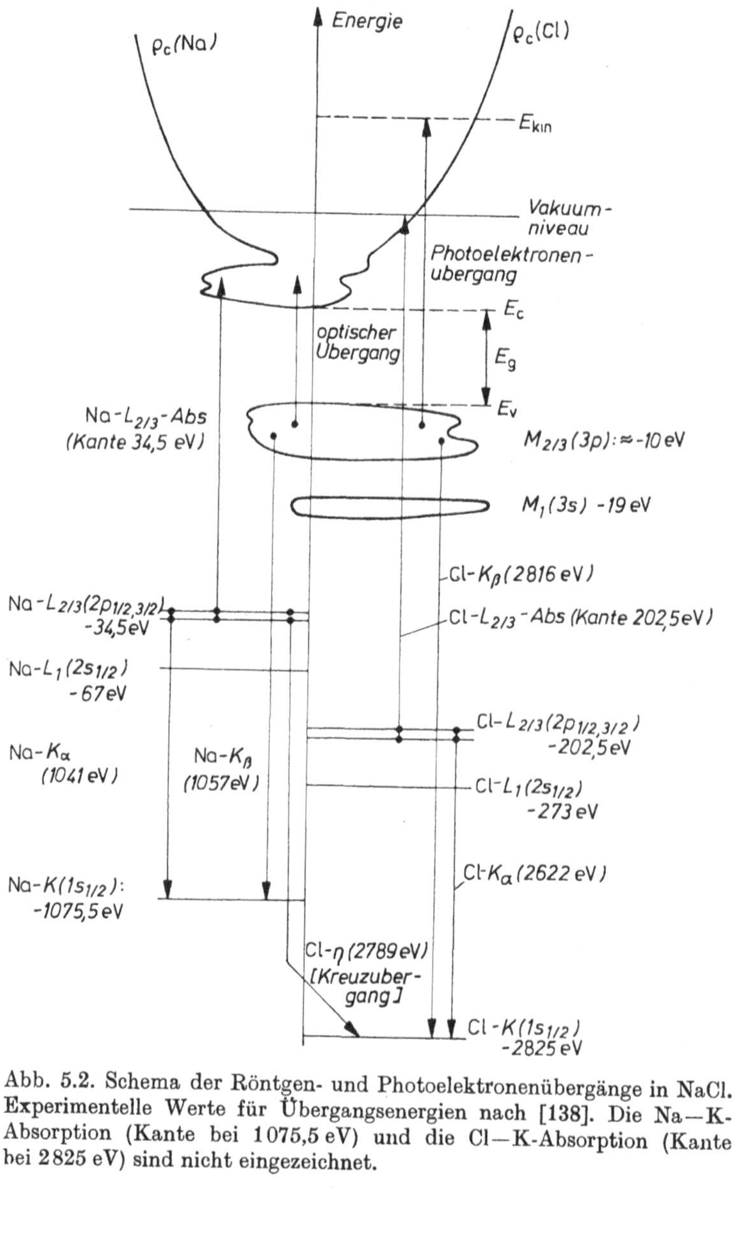

Abb. 5.2. Schema der Röntgen- und Photoelektronenübergänge in NaCl. Experimentelle Werte für Übergangsenergien nach [138]. Die Na—K-Absorption (Kante bei 1075,5 eV) und die Cl—K-Absorption (Kante bei 2825 eV) sind nicht eingezeichnet.

tronische Übergänge zurückzuführen, die entsprechend Abb. 5.2 unter Beteiligung von Rumpfzuständen (Röntgenübergängen) erfolgen bzw. in der Nähe der Absorptionskante Valenzband-Leitungsband-Übergängen zuzuordnen sind; die Absorption im infraroten Spektralbereich wird durch *Gitterschwingungen* verursacht.

In reinen Isolatoren verschwindet in einem breiten Spektralbereich zwischen fundamentaler Absorptionskante und Gitterschwingungsbereich der Absorptionskoeffizient. Der Brechungsindex n wird hier allein durch den elektronischen Anteil der Dielektrizitätskonstanten bestimmt; die experimentellen Werte (Abb. 5.3) werden durch (4.16a) gut beschrieben.

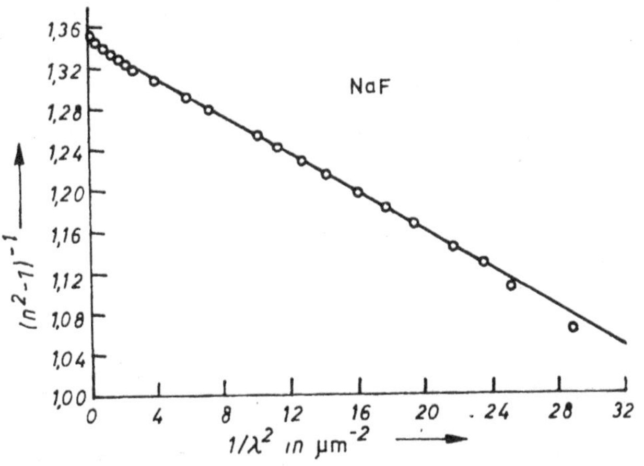

Abb. 5.3. Brechungsindex von NaF als Funktion der Wellenlänge (nach[66])

In Halbleitern sind in diesem Bereich zwischen Absorptionskante und Gitterabsorption noch *Übergänge freier Ladungsträger* nachweisbar (s. Abschn. 5.3.).

5.1. *Röntgenübergänge* [S 42, S 43]

5.1.1. *Röntgenabsorption*

Die Absorption von Röntgenstrahlung erfolgt durch Elektronenanregung aus (besetzten) Rumpfzuständen in die (leeren) Leitungsbandzustände oder in die ungebundenen Kontinuumzustände oberhalb des Vakuumniveaus (vgl. Abb. 5.2), sie setzt daher für jedes Rumpfniveau mit einer niederenergetischen Kante abrupt ein. Genügend weit oberhalb der Kante nimmt der Absorptionskoeffizient nach der empirischen Beziehung

$$\alpha \sim Z^4/E^3 \tag{5.1}$$

mit wachsender Photonenenergie E ab. Z ist die Kernladungszahl.

Die Rumpfelektronen sind in unmittelbarer Umgebung der Kerne lokalisiert, Röntgenspektren lassen sich infolgedessen weitgehend mit atomaren Vorstellungen interpretieren. Insbesondere sind die Spektren der Verbindungen im kurzwelligen Teil nahezu additive Überlagerungen der Spektren der beteiligten Atome. Quantitativ wird die Absorption bei reiner Einelektronenanregung durch $\varepsilon_2(\omega)$ nach (4.15) beschrieben. Da der Rumpfzustand atomartig ist und durch eine atomare Wellenfunktion $a_{nlm}(\boldsymbol{r})$ beschrieben wird, übertragen sich die atomaren Auswahlregeln auf die Röntgenübergänge. Der angeregte Zustand $\psi_{c\boldsymbol{k}'}(\boldsymbol{r})$ ist nicht atomartig, kann jedoch in der Form

$$\psi_{c\boldsymbol{k}'}(\boldsymbol{r}) = \sum_{l',m'} C_{l',m'}(\boldsymbol{k}')\, R_{n'l'}(r)\, Y^{l'}_{m'}(\vartheta, \varphi) \tag{5.2}$$

nach den Atomfunktionen

$$a_{nlm}(\boldsymbol{r}) = R_{nl}(r)\, Y_l{}^m(\vartheta, \varphi) \tag{5.3}$$

entwickelt werden; $|C_{l'}|^2 = \sum_{m'} |C_{l'm'}|^2$ ist dabei der Anteil von Funktionen mit der Orbitalsymmetrie l' and $\psi_{c\boldsymbol{k}'}(\boldsymbol{r})$.

Berechnet man mit (5.3) das Dipolmatrixelement $\boldsymbol{D}_{lc}$ für einen Übergang vom Rumpfzustand mit der Orbitalsymmetrie l in den Zustand $\psi_{c\boldsymbol{k}'}$, so erhält man mit der Auswahlregel $\Delta_l = \pm 1$

$$|\boldsymbol{D}_{lc}|^2 = a|C_{l-1}|^2\, P_{l,l-1}(E) + b|C_{l+1}|^2\, P_{l,l+1}(E) \tag{5.4}$$

mit

$$P_{ij}(E) = \left| \int_0^\infty R_{ni}(r)\, R_{n'j}(r)\, r^3\, \mathrm{d}r \right|^2; \tag{5.5}$$

a und b sind winkelabhängige Faktoren [S 42].

Betrachtet man die Integrale P_{ij} als schwach energieabhängig, so ergibt sich die Übergangsrate

$$W_{lc}(h\nu) \sim aP_{l,l-1}(E)\, N_{c,l-1}(E) + bP_{l,l+1}(E)\, N_{c,l+1}(E). \tag{5.6}$$

$$N_{cl} = \frac{1}{4\pi^3} \int_{\mathrm{BZ}} |C_l|^2\, \delta(\varepsilon_c - \varepsilon_v - \hbar\omega)\, \mathrm{d}^3\boldsymbol{k} = \frac{1}{4\pi^3} \int \frac{|C_l(\boldsymbol{k})|^2\, \mathrm{d}\sigma}{|\mathrm{grad}_{\boldsymbol{k}} \varepsilon_c(\boldsymbol{k})|} \tag{5.7}$$

ist die partielle Dichte der Zustände der Orbitalsymmetrie l im Leitungsband. (Da ε_v für lokalisierte Zustände unabhängig von $\boldsymbol{k}$ ist, tritt bei Übergängen von oder nach einem solchen Zustand an die Stelle der kombinierten die gewöhnliche Zustandsdichte des $\boldsymbol{k}$-abhängigen Bandes). Zu $|C_l|^2$ tragen nur Wellenfunktionsanteile des Leitungsbandes in der Umgebung des Rumpfatoms bei, d. h., $N_{cl}(E)$ ist die *lokale partielle Zustandsdichte.*

Entsprechend (5.6) liefern K-Übergänge ($l = 0$) die p-Anteile, L-Übergänge ($l = 1$) die s- und d-Anteile der Zustandsdichten. Genügendes Auflösungsvermögen für sinnvolle Aussagen über Zustandsdichten erreicht man im Gebiet weicher Röntgenstrahlen (Energie ≤ 2 keV). Für diesen Bereich wird zunehmend die *Synchrotronstrahlung* [67, S 44] genutzt, die als einzige Quelle ein intensives kontinuierliches Spektrum in diesem Spektralbereich hat (Abb. 5.4).

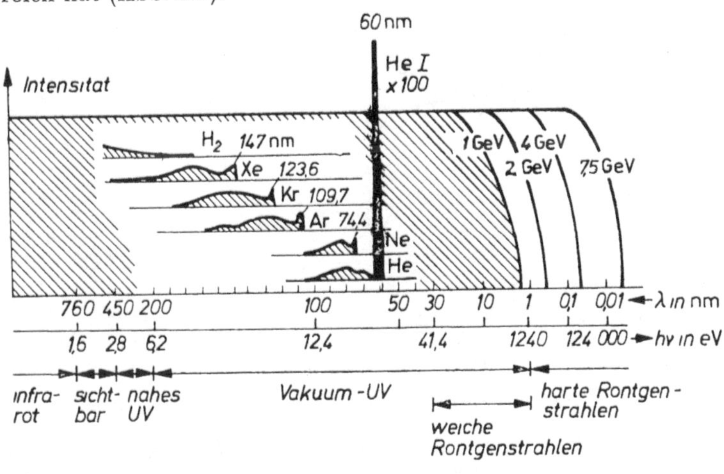

Abb. 5.4. Spektrale Verteilung der Synchrotronstrahlung, verglichen mit Gasentladungslampen [S 17]

Abb. 5.5 zeigt als Beispiel die K- und L-Absorptionsspektren von NaCl; wegen des lokalen Charakters der Rumpfzustände sind die Spektren der beiden Atomarten unterschiedlich.

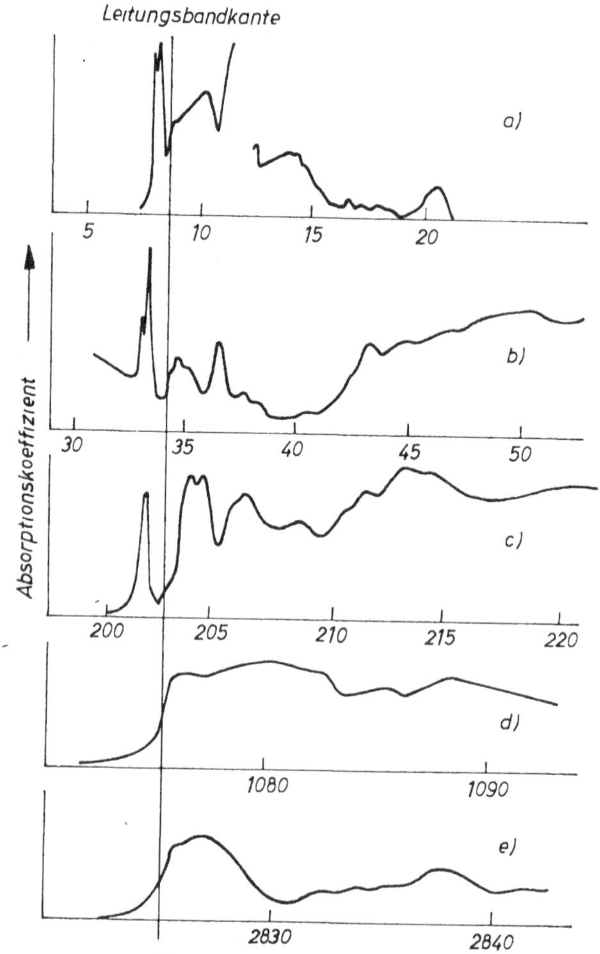

Abb. 5.5. Vergleich verschiedener Absorptionsspektren von NaCl (nach [139, 140]). a) UV-Absorption, b) Na-$L_{2/3}$-Absorption, c) Cl-$L_{2/3}$-Absorption, d) Na—K-Absorption, e) Cl—K-Absorption. Die Strukturen unterhalb der Leitungsbandkante sind Excitonen.

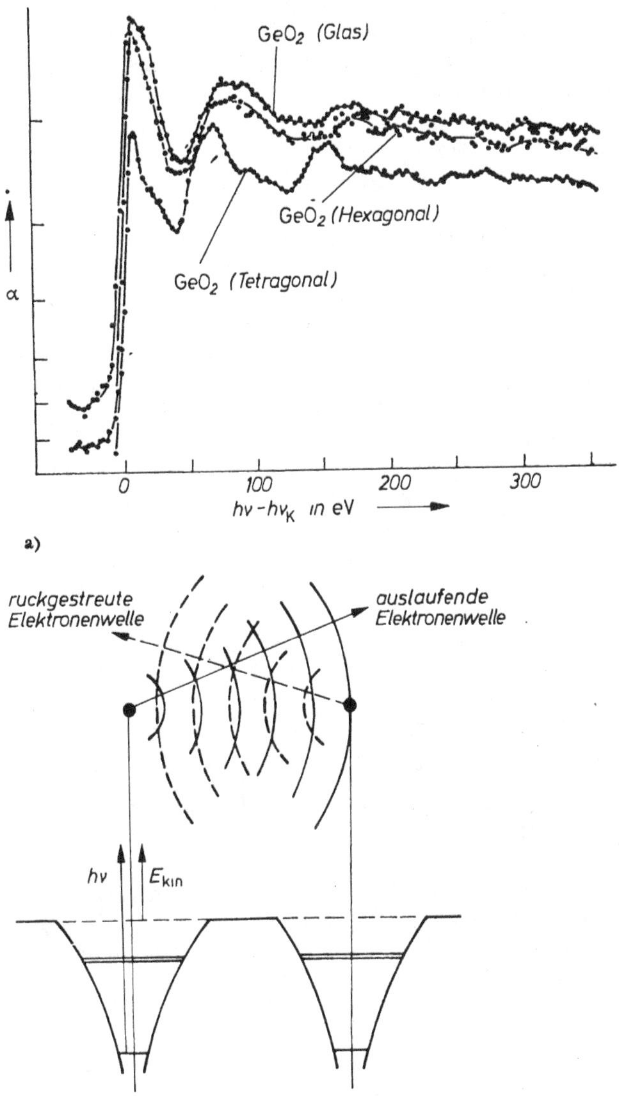

b)

Abb. 5.6. a) Absorption von Ge_2O an der Ge—K-Kante mit EXAFS (nach [141]), b) Schema der Entstehung der EXAFS durch Interferenz

Neben den Einelektronenanregungsprozessen sind auch Mehrelektronenanregungsprozesse möglich, bei denen gleichzeitig mit dem Rumpfelektron ein Valenzelektron angeregt oder als Photoelektron emittiert wird. Diese sogenannten *shake-up-* bzw. *shake-off-Prozesse* führen zu Strukturen oberhalb der K-Absorptionskante, der Anstieg des Absorptionskoeffizienten für die Na- bzw. Cl-L-Übergänge ca. 10 eV oberhalb der Kante in Abb. 5.5 dürfte auf derartige Prozesse zurückgehen.

Neben der durch Ein- oder Mehrteilchenanregungen verursachten kantennahen Struktur zeigen die Absorptionskanten bei genügend guter Auflösung noch *Feinstrukturen,* die sich bis zu 1000 eV oberhalb der Kante erstrecken und deshalb als EXAFS (extended X-ray absorption fine structure) bezeichnet werden (Abb. 5.6a)). In diesem Energiebereich sind die Elektronen quasifrei und können als auslaufende Elektronenwellen den Kristall verlassen. An den Atomen der Umgebung kommt es zur Streuung; die Interferenz zwischen auslaufender und rückgestreuter Welle ist die Ursache der Feinstruktur (Abb. 5.6b)). Sie enthält also Informationen über die räumliche Umgebung des absorbierenden Atoms; ihre Fourier-Transformation liefert die Paarverteilungsfunktion, d. h. die Verteilung der Abstände benachbarter Atome. EXAFS-Messungen werden daher zunehmend für Strukturuntersuchungen von ungeordneten Systemen eingesetzt, um quantitative Aussagen über die Nahordnung zu erhalten [68, 69].

5.1.2. *Röntgenemission*

Durch Röntgenabsorption (oder durch Elektronen- bzw. Ionenstrahlanregung) entstehen hoch angeregte quasistationäre Zustände mit einem Loch in einer inneren Schale. Wegen der Äquivalenz zwischen Elektron und Loch sind dies *wasserstoffähnliche Einteilchenzustände* (Dubletts, vgl. Abschn .2.1.2.). Ihre Energie hängt (bei Vernachlässigung der Dublettaufspaltung) entsprechend dem Mosleyschen Gesetz

$$T_n = \frac{R}{n^2} (Z - \sigma_n)^2 \tag{5.8}$$

monoton von der Kernladungszahl Z ab (Abb. 5.7). σ_n gibt die Abschirmung der Kernladung durch die inneren Elektronen im Zustand mit der Hauptquantenzahl n an, R ist die Rydberg-Konstante.

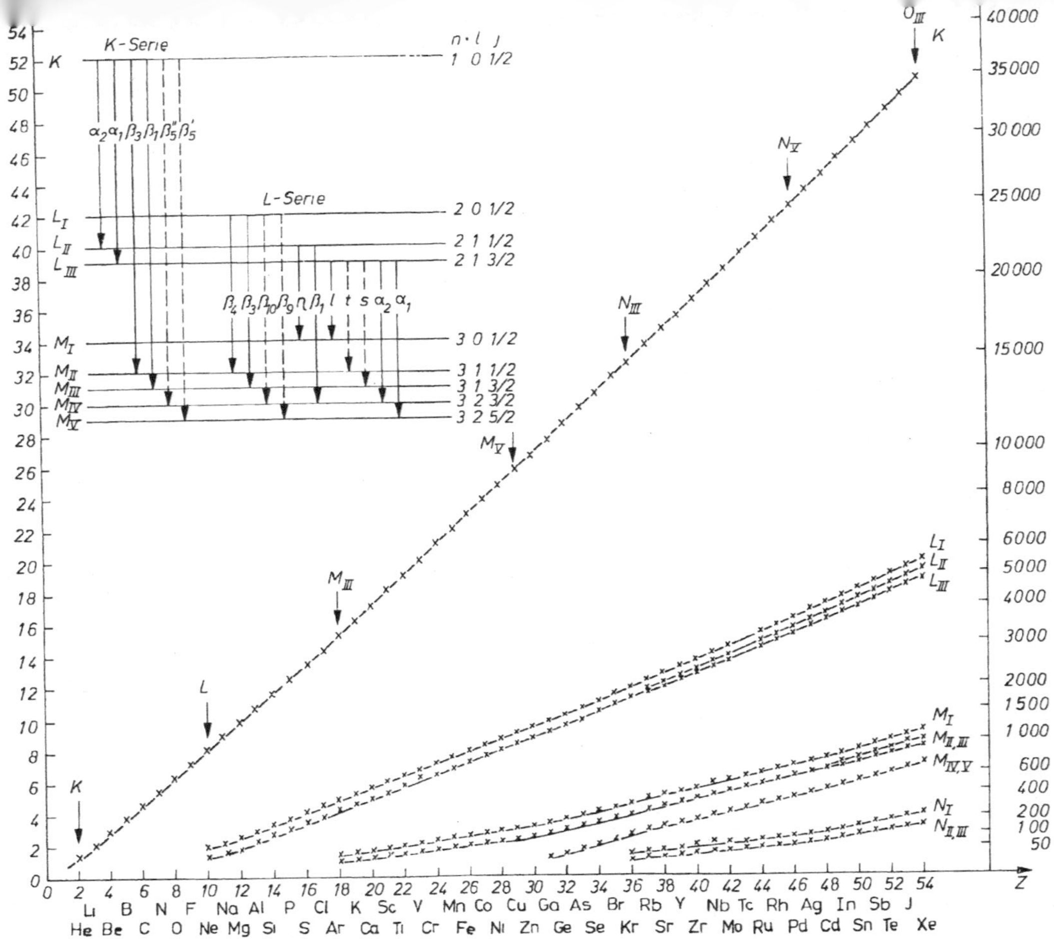

Abb. 5.7. Bindungsenergie von K-, L-, M- und N-Elektronen der Elemente He bis Xe (Mosley-Diagramm) und Nomenklatur der entsprechenden Röntgenübergänge (Diagrammlinien)

Der Zerfall des angeregten Zustands (das Wiederauffüllen des Lochs in der inneren Schale) kann strahlend oder strahlungslos erfolgen. Beim strahlenden Zerfall wird die *charakteristische Röntgenstrahlung* emittiert, sie besteht aus Serien von Linien. Dabei zählen alle Linien, die durch Übergänge in ein Loch in der K-Schale entstehen, zur K-Serie usw. (Abb. 5.7). Beim strahlungslosen Zerfall wird die Anregungsenergie auf ein Elektron einer höheren Schale übertragen, das als (monoenergetisches) Photoelektron emittiert werden kann. Beim Zerfall eines neutralen angeregten Zustands (das Elektron wurde in ein leeres „optisches" Niveau angeregt) entsteht dadurch ein einfach ionisierter Zustand, und man spricht von *Autoionisation*; beim Zerfall eines einfach ionisierten Zustands (das Elektron wurde bei der Anregung bereits als Photoelektron emittiert) entsteht durch strahlungslosen Zerfall ein zweifach ionisierter Zustand, und man spricht von *Auger-Effekt* (vgl. Abschn. 5.4.). Außerdem ist auch ein „strahlender" partieller AUGER-Effekt möglich, bei dem ein Teil der Energie zur Anregung oder Emission eines Elektrons dient, der Rest als Röntgenquant emittiert wird.

Übergänge zwischen Rumpfniveaus, die sich aus einem Einelektronentermschema der Art der Abb. 5.7 ableiten lassen, führen zu den dominierenden *Röntgenhauptlinien* (*Diagrammlinien*) des charakteristischen Röntgenspektrums. Bei leichten Elementen sind dies die K_α-Linien, bei schwereren auch die L_α- und K_β-Linien usw.

Wegen der hohen spontanen Übergangsrate (Faktor ν^3 in (4.22)) und der Möglichkeit strahlungsloser Zerfälle haben die beteiligten Zustände eine sehr kurze Lebensdauer (Größenordnung 10^{-15} s), was gemäß der Energie-Zeit-Unschärfebeziehung

$$\Delta E \cdot \tau \approx \hbar$$

zu einer relativ großen natürlichen Linienbreite ΔE führt.

Durch Messung der Wellenlänge und Intensität der charakteristischen Strahlung mittels Röntgenfluoreszenzspektroskopie kann man auf die chemische Zusammensetzung einer Meßprobe schließen. Bei Anregung mit einem fein fokussierten Elektronenstrahl und elektrisch gesteuerter Abrasterung (Scanning) erhält man mit diesen Verfahren mittels sogenannter Mikrosonden quantitative chemische Analysen hoher Genauigkeit mit einer örtlichen Auflösung im Bereich von ca. 1 μm.

Genau betrachtet hängt die energetische Lage der Rumpfniveaus (und damit die Wellenlänge der charakteristischen Strahlung bzw. die kinetische Energie der Photoelektronen) vom Potential am Ort des Atoms, d. h. von der chemischen Umgebung ab. Eine quantitative Theorie dieser sogenannten *chemischen Verschiebung* (bezüglich einer willkürlich gewählten Vergleichsprobe) ist kompliziert, aber bereits der Vergleich mit dem empirisch ermittelten Zusammenhang zwischen der Linienverschiebung und dem Ladungszustand des emittierenden Atoms (Abb. 5.8) oder einer anderen die Bindung charakterisierenden Größe (Ionizität, Elektronegativität) gestattet Aussagen über Bindungsverhältnisse in komplizierten chemischen Verbindungen [S 42] oder von Störstellen in Festkörpern.

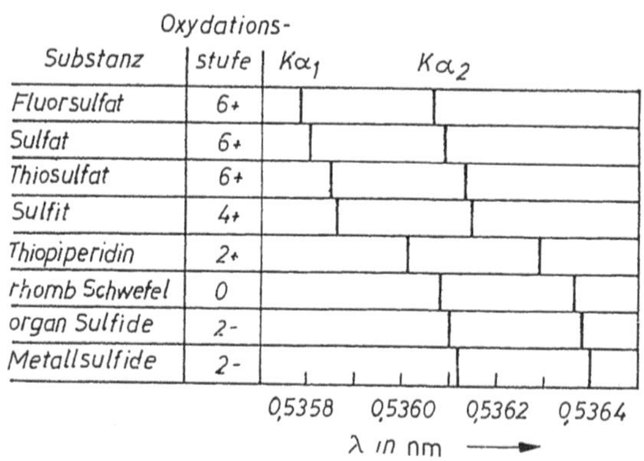

Abb. 5.8. S—K-Verschiebungen für verschiedene Wertigkeiten des Schwefels (nach [142])

Übergänge aus dem Valenzband v in Rumpfzustände mit der Quantenzahl l führen zu Emissionsbanden, deren spektrale Verteilung analog zu (5.6) durch die spontane Übergangsrate

$$W_{vl}(h\nu) \sim \nu^3[aP_{l,l-1}(E)\, N_{v,l-1}(E) + bP_{l,l+1}(E)\, N_{v,l+1}(E)] \qquad (5.9)$$

gegeben ist. $N_{vl}(E)$ sind die lokalen partiellen Zustandsdichten im Valenzband; der Faktor ν^3 ist durch die spontane Emission bedingt. Abb. 5.9 zeigt die K- und L-Emissionsbanden von Si, die die Verteilung der p- bzw. s-Zustände in Valenzband wiederspiegeln; die Summe beider stimmt gut mit der totalen Zustandsdichte (sowohl mit den berechneten Werten als auch mit den aus Photoemissionsmessungen ermittelten, vgl. Abschn. 5.3.) überein. Ähnliches gilt für die III-V-Halbleiter [70].

Neben den Diagrammlinien beobachtet man häufig schwache begleitende Strukturen, die als *Röntgensatelliten* oder, da sie sich nicht aus einem atomaren Einelektronenschema ableiten lassen, als *Nichtdiagrammlinien* bezeichnet werden. Sie hängen grundsätzlich mit Mehrelektronenprozessen zusammen, werden also durch gleichzeitig mit dem Röntgenübergang erfolgende Umordnung der Elektronenstruktur hervorgerufen.

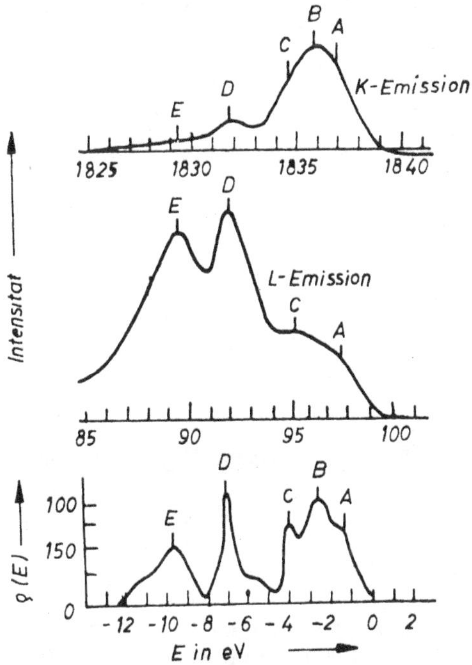

Abb. 5.9. K- und L-Emissionsbanden von Si und Vergleich mit der Valenzbandzustandsdichte $\varrho(E)$ (nach [143])

Zu den Satelliten zählt man die *Kreuzübergänge* in Ionenverbindungen (z. B. die Cl-η-Linie im NaCl, Abb. 5.5) und die *Multiplettlinien*, die von Atomen mit nicht abgeschlossenen Schalen emittiert werden (ein Beispiel dafür ist im Abschn. 5.4. behandelt), obwohl in diesen Fällen der Unterschied zu Diagrammlinien nur formal ist [S 42].

Echte Satelliten werden durch Übergänge in mehrfach ionisierten oder mehrfach angeregten Atomen hervorgerufen, die durch shake-up- oder shake-off-Prozesse (direkte Mehrfachionisation) oder durch AUGER-Effekt entstehen können, sie liegen meist auf der hochenergetischen Seite von Diagrammlinien. Satellitenstrukturen auf der niederenergetischen Seite von Diagrammlinien haben ihre Ursache in strahlenden AUGER-Effekten, bei denen die Energie des angeregten Zustands z. T. auf das emittierte Lichtquant, z. T. auf ein Elektron übertragen wird. Die hier für die Satelliten gegebenen Erklärungen sind anschaulich interpretierte Teilaspekte einer echten Vielteilchentheorie, die bisher nur für Metalle ausgearbeitet worden ist [71]; ein vollständig befriedigendes Verständnis der Satellitenstrukturen ist noch nicht erreicht.

5.2. *Band-Band-Übergänge*

Die optische Absorption in einem Energiebereich von der Absorptionskante E_g bis ca. 25 eV wird durch *Valenzband-Leitungsband-Übergänge* hervorgerufen. Der Photonenimpuls kann in diesem Bereich vollständig vernachlässigt werden, daher sind für die Interpretation der Spektren die Überlegungen in den Abschnitten 4.2. und 4.3. zutreffend, der spektrale Verlauf von $\varepsilon_2(\omega)$ ist die Grundlage für den Vergleich zwischen Experiment und Theorie.

5.2.1. *Reflexionsspektren und Modulationsspektroskopie*

Die Absorptionskoeffizienten sind außer in unmittelbarer Nähe der Kante sehr hoch (Abb. 5.10b)), daher beschränken sich die Messungen häufig auf *Reflexionsspektren*, in denen sich spektrale Details jedoch in vergleichbarer Auflösung ausprägen (Abb. 5.10). Abb. 5.11 zeigt die Interpretation derartiger Spektren: Die charakteristischen Strukturen werden durch die kritischen Punkte der Bandstruktur bestimmt.

Unter dem Einfluß von hydrostatischem Druck p verschieben sich die charakteristischen Peaks der Reflexionsspektren linear mit p zu höheren Energien, die Druckkoeffizienten $\frac{\partial E_i}{\partial p}$ sind charakteristisch für die einzelnen Peaks (Abb. 5.13). Da zunehmender Druck abnehmender Gitterkonstante entspricht, paßt die Druckverschiebung in den allgemeinen Trend, daß sich die Reflexionsmaxima verschiedener Halbleiter mit abnehmender Gitterkonstante zu höheren Energien verschieben (vgl. Abb. 5.12). Kombiniert man die Druckkoeffizienten der direkten Übergänge E_0, E_1, E_2 mit denen der indirekten Absorptionskante (s. Abschn. 5.2.2.), so lassen sich daraus die relativen Druckverschiebungen der

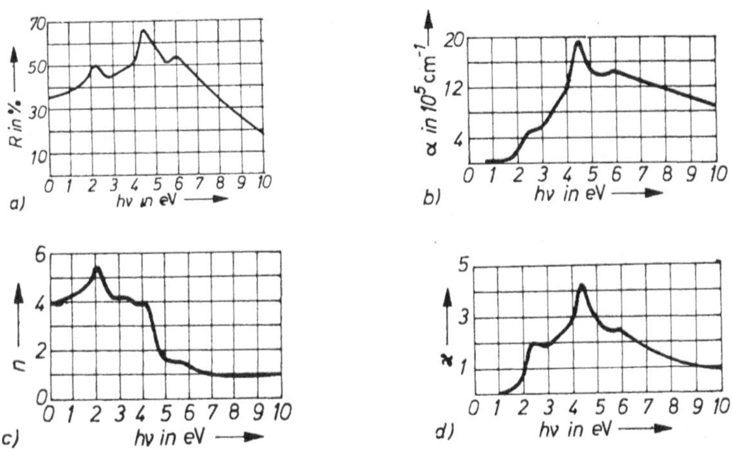

Abb. 5.10. Reflexionsvermögen R, Absorptionskoeffizient α, Brechungsindex n und Absorptionsindex $\varkappa$ als Funktion der Energie für Ge (nach [144])

Bandextrema ableiten. Absolute Druckverschiebungen der Bandextrema kann man aus den Beweglichkeiten der betreffenden Ladungsträger ermitteln, diese Messungen sind jedoch mit erheblichen Fehlern behaftet. Die Messungen deuten darauf hin, daß sich Zustände mit überwiegender s-Symmetrie stärker als die mit p-Symmetrie verschieben, d. h., das Valenzband verschiebt sich praktisch starr, während sich die Leitungsbandminima unterschiedlich verhalten [72]. Insbesondere hat das X-Minimum relativ zum Γ-Minimum einen negativen Druckkoeffizienten, wodurch z. B. GaAs unter hohem Druck ein indirektes Material wird [73, 74].

Wesentlich detailliertere Information über energetische Lage und Typ der kritischen Punkte erhält man mit den Methoden der

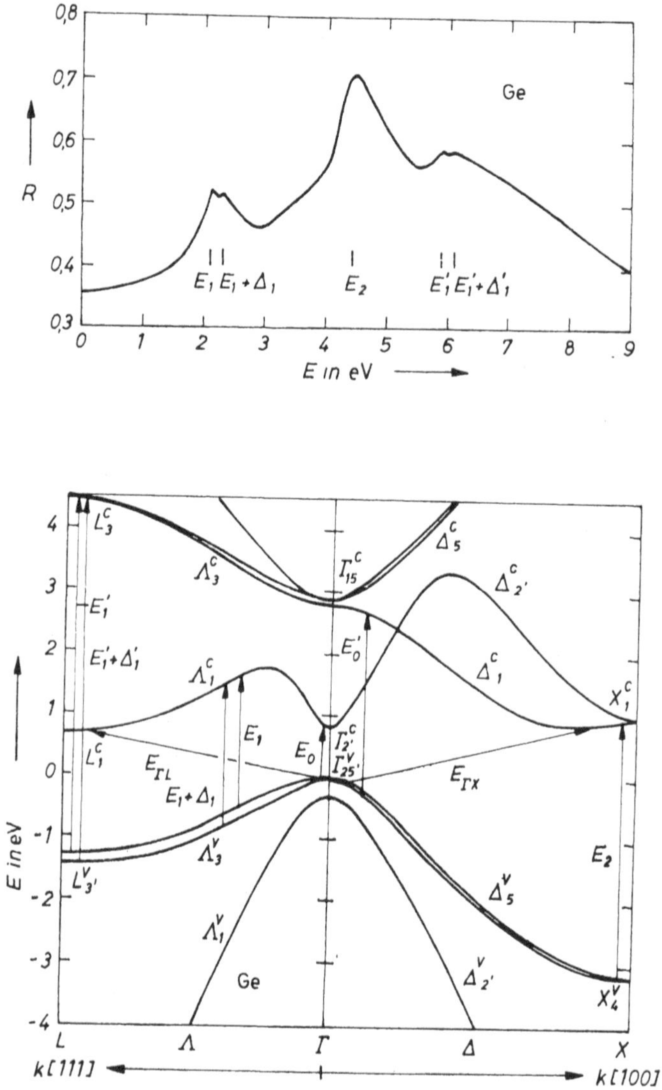

Abb. 5.11. Bandstruktur von Ge mit kritischen Punkten, die zum Reflexionsvermögen R beitragen (nach [145])

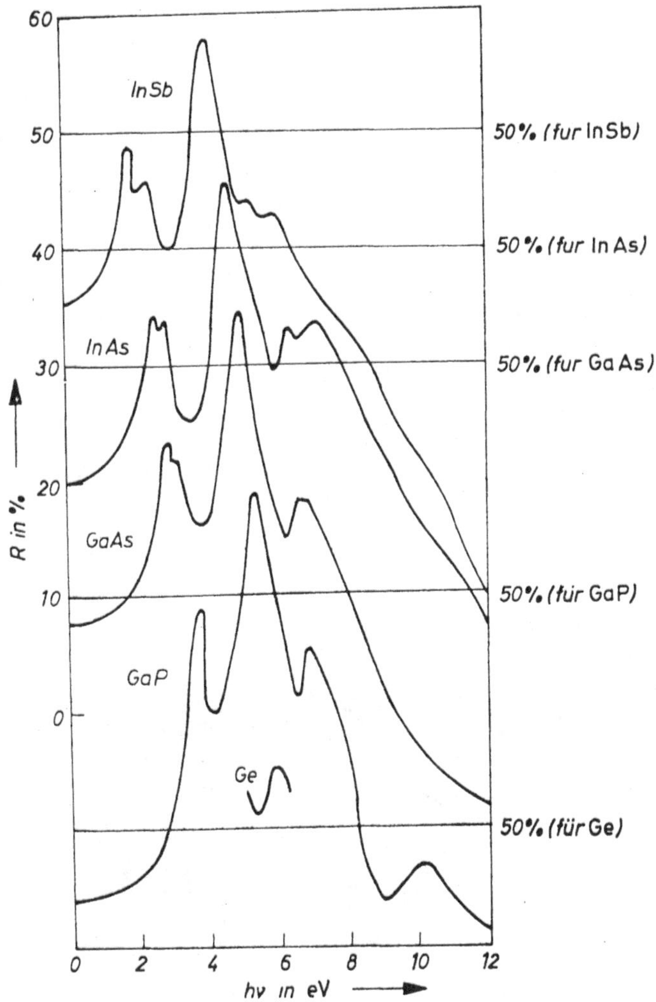

Abb. 5.12. Reflexionsspektren von III—V-Halbleitern

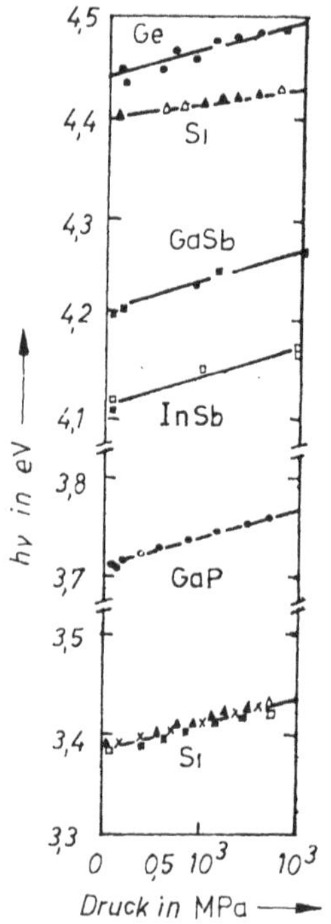

Abb. 5.13. Druckverschiebung der Reflexionsmaxima (nach [145])

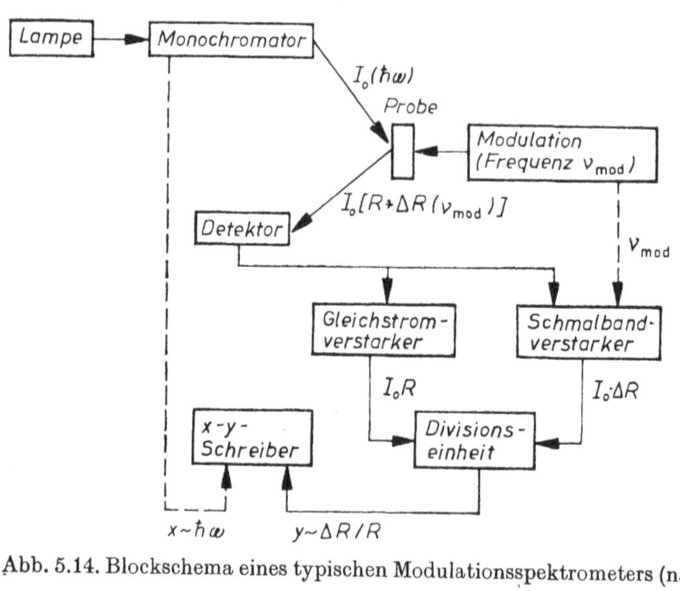

Abb. 5.14. Blockschema eines typischen Modulationsspektrometers (nach [76])

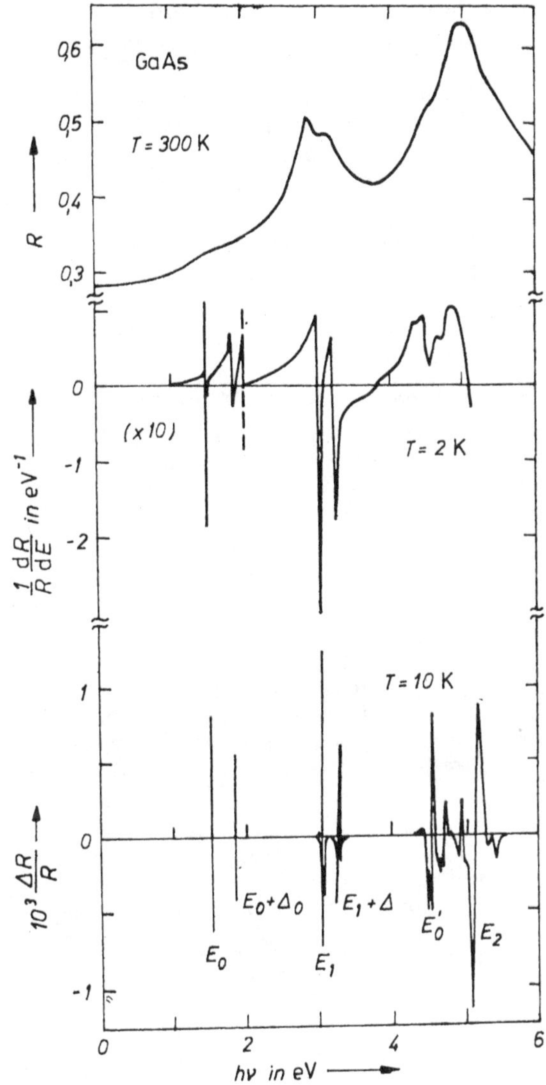

Abb. 5.15. Reflexionsspektrum (R), Wellenlängenmodulationsspektrum $\frac{1}{R}\frac{dR}{dE}$ und Elektroreflexionsspektrum $\frac{\Delta R}{R}$ von GaAs (nach [76])

Tabelle 5.1.
Modulationsverfahren [75—78]

a) Interne Modulation (Modulation des optischen Systems)	
Wellenlängen-modulation: (λ-, Energie-modulation)	Universell anwendbar, geringer Präparationsaufwand. Liefert Energie und Typ der kritischen Punkte E_{kr} sowie deren energetische Breite Γ.
Polarisations-modulation:	Für anisotrope Stoffe bzw. isotrope Stoffe im Magnetfeld oder unter einachsigem Druck anwendbar. Liefert auch Aussagen über Symmetrien.
Spektroskopische Ellipsometrie:*)	Universell einsetzbar, stark durch Oberflächenpräparation und dünne Schichten beeinflußte Meßergebnisse. Liefert direkt ε_1 und ε_2.
b) Externe Modulation (Modulation von Probenparametern)	
Thermomodulation: (Probentemperatur moduliert)	Universell anwendbar, aber relativ träge (1···40 Hz), Spektren relativ breit. Liefert außer E_{kr} und Γ auch deren Temperaturkoeffizienten.
Piezomodulation: (Probe unter moduliertem einachsigem Druck)	Experimentell aufwendiges Modulationssystem, nur für genügend harte Stoffe anwendbar. Liefert auch Aussagen über Symmetrien und Druckkoeffizienten.
Elektromodulation: (Probe im modulierten elektrischen Feld parallel oder senkrecht zur Oberfläche)	Auf Stoffe mit geringer Leitfähigkeit bzw. Sperrschichten in Halbleitern begrenzt. Sehr hohe Auflösung, liefert auch Informationen über Symmetrien, effektive Massen, Störstellenkonzentrationen.
Magnetomodulation: (Probe im modulierten Magnetfeld)	Für beliebige Stoffe anwendbar. Extrem hohe Auflösung, liefert auch Informationen über effektive Massen. Bietet Vorteile nur für die tiefsten Leitungsbandminima.
Photoresponse-modulation: (Modulation der Trägerkonzentration durch 2. Lichtstrahl)	nur für hochohmige Halb- und Photoleiter. Liefert auch Aussagen über dynamische Trägereigenschaften.

*) Eigentlich kein Modulationsverfahren; infolge der hohen Meßgenauigkeit liefert jedoch eine nachfolgende numerische Differentation Informationen, die mit denen echter Modulationsverfahren vergleichbar sind [78].

Modulationsspektroskopie. Dabei mißt man durch periodische Änderung eines Parameters der auftreffenden Strahlung (sogenannte interne Modulation) oder eines Probenparameters (sogenannte externe Modulation) differentielle Änderungen des Transmissions- oder Reflexionsspektrums, die mit hoher Empfindlichkeit registriert werden können. Abb. 5.14 zeigt das Schema einer derartigen Meßanordnung, in Tab. 5.1 sind die gebräuchlichsten Modulationsverfahren zusammengestellt.

Die internen Modulationsverfahren ergeben leichter auswertbare Spektren, sie bergen jedoch die Gefahr in sich, daß das Meßsystem Strukturen vortäuscht, die nicht leicht zu eliminieren sind. Externe Modulationsverfahren erfordern für genaue Auswertung der Linienform aufwendige Theorien, liefern dafür aber auch vielfältige Zusatzinformationen über Symmetrien, effektive Massen, Druck- und Temperaturkoeffizienten u. a. Alle Verfahren können natürlich auch auf Proben angewandt werden, die außerdem statischen Einflüssen ausgesetzt sind (z. B. Piezomodulation im Magnetfeld, λ-Modulation unter hydrostatischem Druck u. a.). Im gewissen Sinn stellt auch die RAMAN-Streuung ein Modulationsverfahren dar.

Als Beispiel für die Leistungsfähigkeit zeigt Abb. 5.15 Reflexions-, λ-Modulations- und Elektromodulationsspektrum von GaAs mit den zugeordneten kritischen Punkten. Die so bestimmten Energien kritischer Punkte sind die wichtigsten experimentellen Parameter, die als Eingangsgrößen für empirische Bandstrukturberechnungen benutzt werden.

5.2.2. *Struktur der Absorptionskante*

Besonders sorgfältig ist in nichtmetallischen Festkörpern die bequem meßbare *Kante der elektronischen Grundgitterabsorption (fundamentale Absorptionskante)* untersucht worden. Ihre Lage wird durch die direkte Energielücke $E_g^{(d)}$ bestimmt, ihre genaue Form hängt von einer Reihe weiterer Parameter ab.

Im Rahmen der Einelektronentheorie sollte in der Nähe von $E_g^{(d)}$ (M_0-Übergang) entsprechend Abschn. 4.3.

$$\alpha(\omega) \sim \omega \cdot \varepsilon_2(\omega) \sim \frac{1}{\omega} (\hbar\omega - E_g^{(d)})^p \quad (\hbar\omega \geqq E_g^{(d)}) \tag{5.10}$$

gelten, wobei für erlaubte Übergänge $p = \frac{1}{2}$ und für verbotene

Übergänge $p = \frac{3}{2}$ gilt. Dieser Verlauf konnte nur für schmalbandige Materialien (InSb [79] und Te) befriedigend bestätigt werden (Abb. 5.16). Bei größerer Breite der direkten Energielücke machen sich (vor allem bei tiefen Temperaturen) ausgeprägte Strukturen bemerkbar, die durch gebundene Zustände

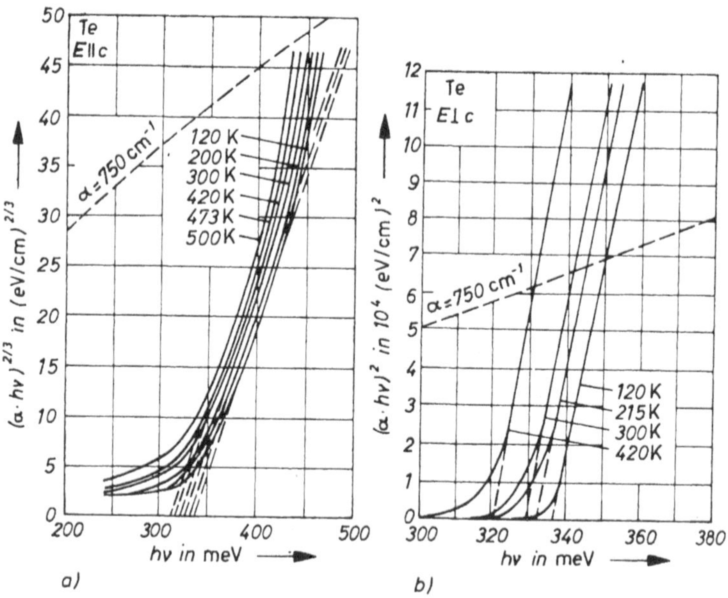

Abb. 5.16. Absorptionskante von Te für $\boldsymbol{E} \parallel c$ und $\boldsymbol{E} \perp c$ (nach [146]). c ist die optische Achse, $\boldsymbol{E}$ die elektrische Feldstärke der Lichtwelle. $\boldsymbol{E} \parallel c$ ist ein verbotener, $\boldsymbol{E} \perp c$ ein erlaubter Übergang.

freier Excitonen hervorgerufen werden und in stark polaren Substanzen wie den Alkalikalogeniden das gesamte Spektrum beherrschen (Abb. 5.5). Der Abstand der Excitonenlinien wird im wesentlichen durch die reduzierte effektive Masse und die DK bestimmt (s. Abschn. 2.3.1.). Im GaAs sind daher auch im reinsten Material und bei tiefsten Temperaturen nur die Übergänge mit $n = 1, 2, 3$ auflösbar, bei höheren Temperaturen verschmelzen die Übergänge in die gebundenen Zustände zu einem asymmetrischen Peak an der Absorptionskante (Abb. 5.17). In der optischen Absorption ultradünner Schichten prägen sich deutlich die typischen Eigenschaften des zweidimensionalen Elektronengases (vgl. Abschn. 2.2.2.) aus: bei abnehmender Schichtdicke verschiebt sich mit der Lage der Subbänder die Breite der verbotenen Zone zu höheren Energien (Abb. 5.17c)), wobei ebenso wie im „normalen" dreidimensionalen Spektrum ausgeprägte Excitoneneffekte sicht-

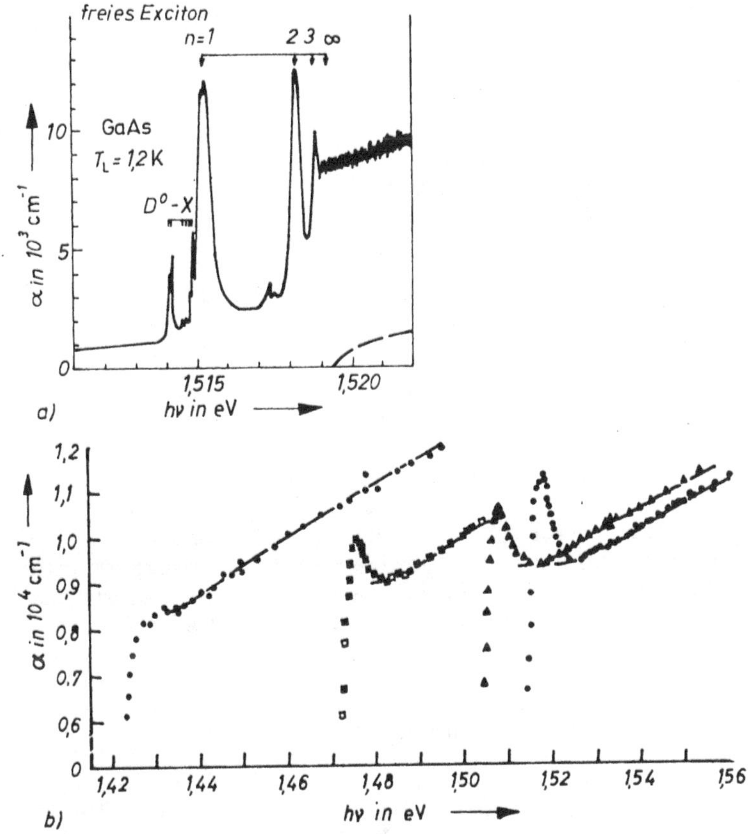

Abb. 5.17. a) Absorptionsspektrum von ultrareinem GaAs (Donatorkonzentration ≈ 10^{15} cm^{-3}) bei 1,2 K mit Linien freier Excitonen (n = 1, 2,3, ...). Die mit D^0-X bezeichneten Linien stammen von gebundenen Excitonen. Die gestrichelte Linie zeigt das erwartete Absorptionsverhalten ohne Berücksichtigung der Elektron-Loch-Wechselwirkung (nach [147]). b) Absorption von GaAs bei unterschiedlicher Temperatur: ○ 294 K, □ 180 K, △ 90 K, • 21 K (nach [148]).

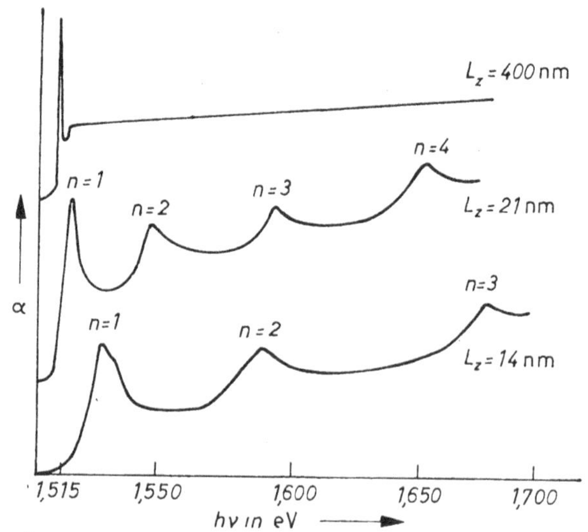

c)

Abb. 5.17 c) Optische Absorption ultradünner GaAs-Schichten zwischen (Al, Ga) As-Barrieren für verschiedene Schichtdicken L_z (nach [180])

bar werden. Im Cu_2O liegt ein verbotener Übergang vor (Valenz- und Leitungsband gehen aus Atomzustanden gleicher Orbitalsymmetrie hervor), daher fehlt im 1-Photonen-Absorptionsspektrum die Linie $n = 1$. Für die 2-Photonen-Absorption gelten die Auswahlregeln $\Delta l = 0, \pm 2$; daher ist in dem entsprechenden Spektrum der Übergang mit $n = 1$ enthalten (Abb. 5.18).

Bei höheren Temperaturen wird sehr häufig ein exponentieller Verlauf der Absorptionskante beobachtet (URBACH-Regel [80]):

$$\alpha(\omega) = A \exp\left[(\hbar\omega - \hbar\omega_0)/E_0\right], \tag{5.11}$$

wobei A, E_0 und $\hbar\omega_0$ unabhängig von der Photonenenergie sind. Die physikalische Ursache dafür ist noch nicht völlig klar [81], vermutlich spielt die Exciton-Photon-Wechselwirkung die entscheidende Rolle. Zusätzlich führen Gitterstörungen (Eigenfehlordnung und Fremdatome) zu exponentiellen Ausläufern der Zustandsdichte, die ebenfalls eine Bandenform entsprechend (5.11) bewirken.

Unabhängig von der konkreten Form verschiebt sich die direkte Absorptionskante durch Druck und Temperatur. Der Temperatur-

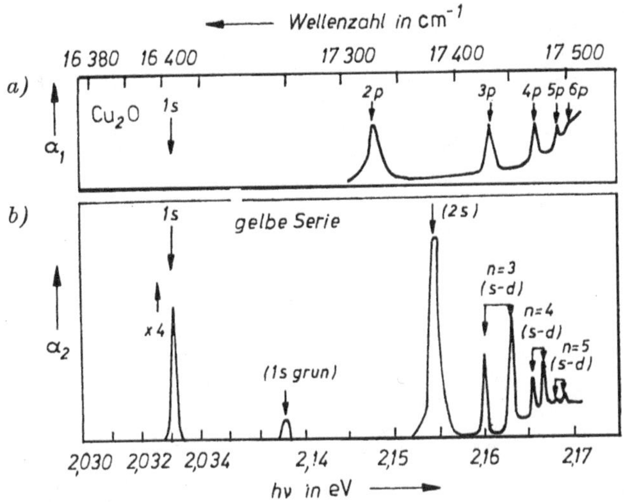

Abb. 5.18. a) 1-Photonen-Absorption, b) 2-Photonen-Absorption von Excitonen in Cu_2O (nach [149])

koeffizient

$$\beta = \frac{\partial E_g}{\partial T}\bigg|_{\text{total}} = \frac{\partial E_g}{\partial T}\bigg|_{V=\text{const}} + \frac{\partial E_g}{\partial T}\bigg|_{\alpha} = \beta_1 + \beta_2 \tag{5.12}$$

setzt sich aus zwei Anteilen vergleichbarer Größenordnung (10^{-4} bis 10^{-3} eV/K) zusammen. β_1 beschreibt die E_g-Änderung bei konstantem Volumen, die durch die Elektron-Phonon-Wechselwirkung bedingt ist; dafür wurden unterschiedliche Theorien entwickelt [82].

Der durch die thermische Ausdehnung $\alpha = \frac{1}{U}\frac{\partial U}{\partial T}$ bedingte Term β_2 hängt mit dem Druckkoeffizienten $\frac{\partial E_g}{\partial p}$ und der Kompressibilität $\varkappa = V \cdot \left|\frac{\partial p}{\partial U}\right|$ zusammen:

$$\beta_2 = \alpha \cdot \varkappa \cdot \frac{\partial E_g}{\partial p}. \tag{5.12a}$$

Bei Übergängen aus einem p-artigen Valenzband in ein s-artiges

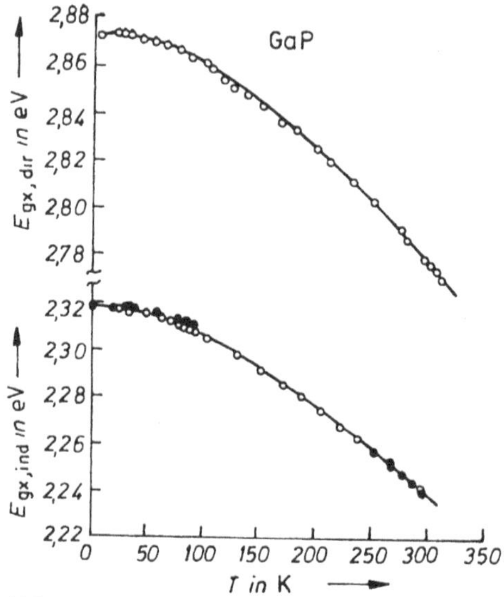

Abb. 5.19. Temperaturabhängigkeit der Breite der verbotenen Zone von GaP (nach [150])

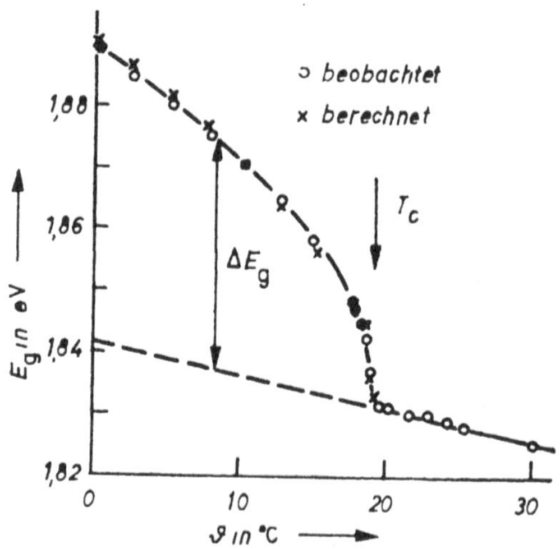

Abb. 5.20. Absorptionskante von SbSJ als Funktion der Temperatur in der Umgebung des ferroelektrischen Phasenübergangs (nach [151]). Die starke zusätzliche Verschiebung ΔE_g unterhalb des Curie-Punktes T_c ist proportional zur spontanen Polarisation.

Leitungsband nimmt E_g mit wachsender Temperatur ab (Abb. 5.19). Jedoch ist infolge von Bandstrukturbesonderheiten (z. B. bei Pb-Chalkogeniden mit einem s-artigen Valenzband und einem p-artigen Leitungsband im Punkte L) auch eine Zunahme von E_g mit wachsender Temperatur beobachtet worden.

Phasenübergänge 1. Art führen wegen der mit diskontinuierlichen Gitterstrukturänderungen verbundenen Bandstrukturänderung zu diskontinuierlichen E_g-Änderungen, die im wesentlichen auf β_2 zurückzuführen sind (Abb. 5.20).

Die Temperaturabhängigkeit von E_g bestimmt wegen des Zusammenhanges zwischen E_g und der optischen Dielektrizitätskonstande ε_∞ auch die Temperaturabhängigkeit von ε_∞ bzw. des Brechungsindex [83].

Genau betrachtet ergibt sich die Temperaturabhängigkeit von E_g (sowie anderer kritischer Punkte) aus der Differenz der Temperaturabhängigkeiten der entsprechenden Leitungs- und Valenzbandzustände. Aus der gleichzeitigen Messung direkter und indirekter Übergänge in Ge und Si folgt [84], daß sich das Valenzband starr mit der Temperatur ändert, während sich die verschiedenen Leitungsbandminima unterschiedlich verhalten, was mit ihren unterschiedlichen Druckkoeffizienten übereinstimmt.

Bei indirekten Materialien (Ge, Si, GaP u. a.) ist der direkten Absorptionskante bei niedrigen Energien noch eine sogenannte *indirekte Kante* mit niedrigen Absorptionskoeffizienten (Größenordnung $1 \cdots 100\ \text{cm}^{-1}$) vorgelagert. Sie entsteht durch indirekte Elektronenübergänge ($\Delta \boldsymbol{k} \neq 0$). Entsprechend der im Abschn. 4.5.1. skizzierten Theorie führt jeder Phononenzweig zu einem Knick im Verlauf von $\sqrt{\alpha(\omega)}$ bei $E_g^{(i)} \pm \hbar\omega_q$. Infolge von Excitoneneffekten mißt man anstelle der Knicke Stufen bei $E_{gx}^{(i)} \pm \hbar\omega_q$ (Abb. 5.21); daraus lassen sich die excitonische Energielücke $E_{gx}^{(i)} = E_g^{(i)} - E_{ex}$ (E_{ex} Bindungsenergie des Excitons) und die Phononenenergien bei $\boldsymbol{q} = \boldsymbol{k}_c$ bestimmen. Da Störstellen den Verlauf des Absorptionskoeffizienten stark beeinflussen, konnten derartige Untersuchungen bisher nur an wenigen sehr reinen Materialien durchgeführt werden.

5.2.3. *Lumineszenz reiner Materialien* [85]

Nach der optischen Absorption (oder einer Elektronenstrahlanregung bzw. der elektrischen Injektion von Nichtgleichgewichtsträgern) befindet sich das Elektronensystem in einem angeregten

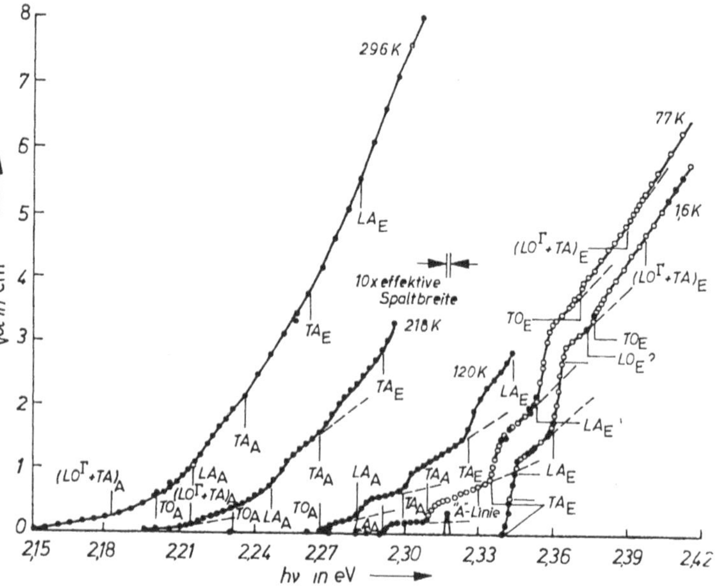

Abb. 5.21. Feinstruktur der indirekten Absorptionskante von GaP mit Angabe der beteiligten Phononen [152]

Zustand: Ein durch ein Lichtquant $\hbar\omega_{\text{exc}}$ angeregtes Elektron hat (bei parabolischer Bandstruktur) die *Exzeßenergie*

$$\Delta E_e = \frac{\hbar^2 k_e^2}{2m_e} = (\hbar\omega_{\text{exc}} - E_g) \cdot \frac{m_h}{m_h + m_e}, \tag{5.13}$$

das Loch entsprechend $\Delta E_h = \dfrac{m_e}{m_h} \cdot \Delta E_e$. Die Rückkehr in den Gleichgewichtszustand geschieht schrittweise nach dem Schema von Abb. 5.22a): Innerhalb der Bänder erfolgt *Relaxation* durch strahlungslose Prozesse, bestimmend dafür ist oft die Emission langwelliger optischer Phononen [86]. Ist die Exzeßenergie kleiner als $\hbar\omega_{\text{LO}}$ geworden, wird die Emission akustischer Phononen wesentlich, ferner tragen Einfangprozesse in Störstellen und die Rekombination zur Annäherung an das Gleichgewicht bei. Strahlende oder nichtstrahlende *Rekombination* zwischen den Bändern schließen den Prozeß ab.

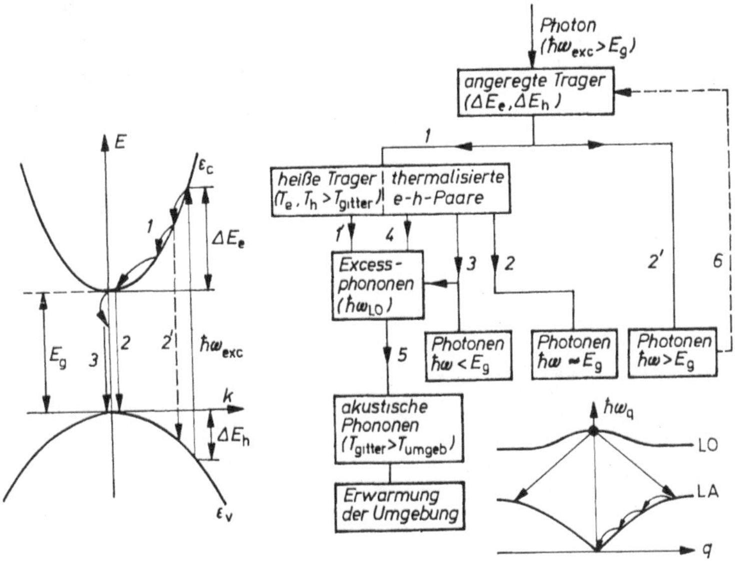

Abb. 5.22. a) Schema des Energieflusses bei optischer Anregung (nach [86]). 1, 1′ — Relaxation, 2 — Nullphononen-Lumineszenz, 2′ — heiße Lumineszenz, 3 phononenassistierte Lumineszenz, 4 — strahlungslose Rekombination, 5 — Phononenrelaxation (rechts unten: Zerfall eines LO-Phonons in zwei LA-Phononen), 6 — Reabsorption

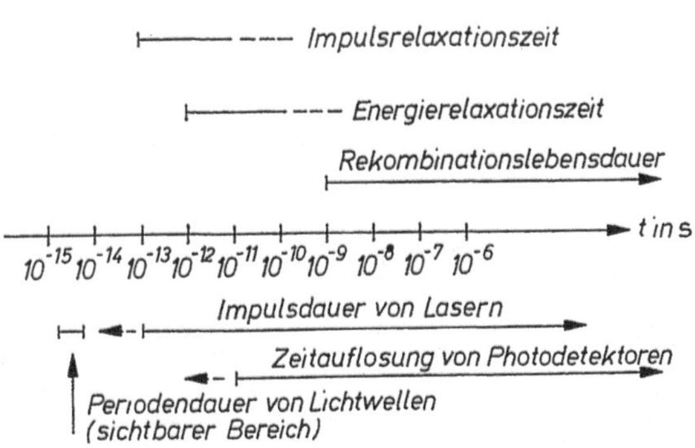

Abb. 5.22. b) Charakteristische Zeiten dynamischer Prozesse angeregter Ladungsträger

Lumineszenzspektren enthalten daher hauptsächlich Informationen über kantennahe Zustände von Leitungs- und Valenzband. Sie liefern ferner wichtige Aussagen über Trägerverteilungen und Relaxationsprozesse und stehen damit in engem Zusammenhang mit der Physik heißer Ladungsträger [S 46, S 47].

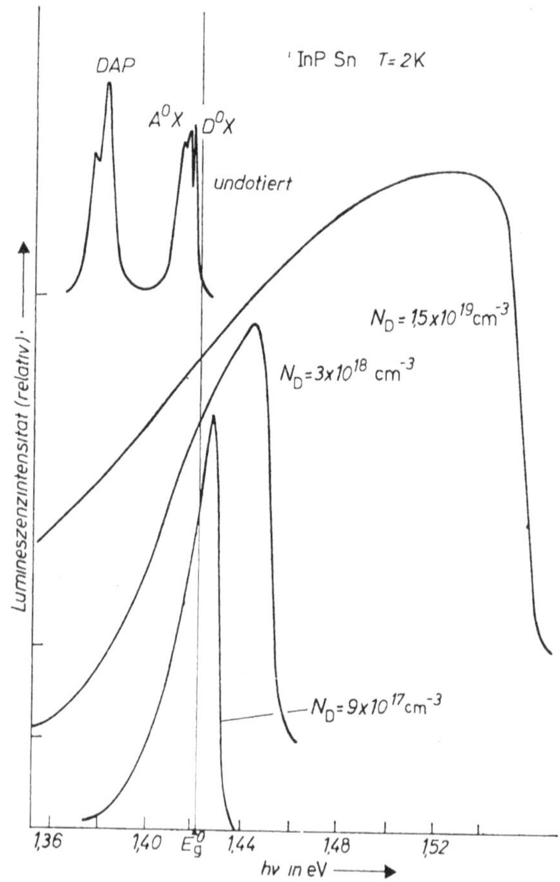

Abb. 5.23. Lumineszenzspektren von n-InP (nach [154]). E_{g0} ist die Breite der verbotenen Zone des undotierten Materials, A^0X und D^0X bezeichnen akzeptor- bzw. donatorgebundene Excitonen, DAP ist die Donator-Akezptor-Paarstrahlung.

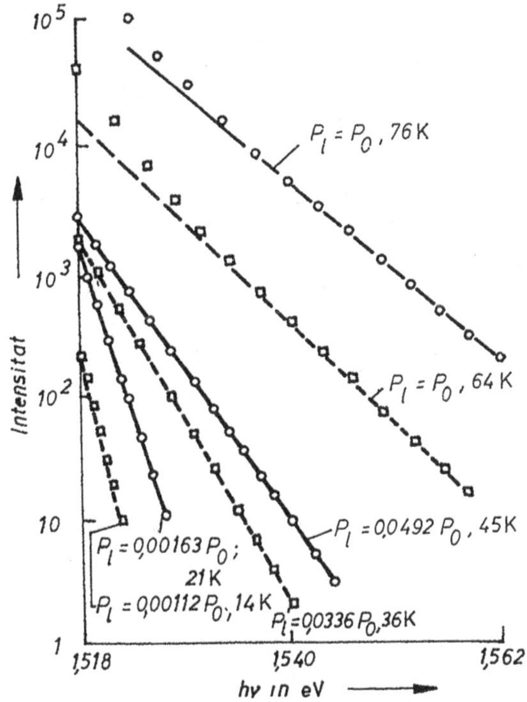

Abb. 5.24. Hochenergetische Flanke der GaAs-Lumineszenz bei verschiedenen Anregungsdichten (nach [155]). P_0 ist die maximale absorbierte Leistung. Die angegebenen Temperaturen T_c sind Trägertemperaturen, die Gittertemperatur betrug 2 K. ○ n-Typ, □ p-Typ

Wegen der stark unterschiedlichen Zeitskalen (Abb. 5.22b)) stellt sich häufig eine *quasithermische Gleichgewichtsverteilung* der Träger *innerhalb* eines Bandes ein, wobei die zugehörige Quasi-FERMI-Verteilung der Elektronen (e) bzw. Löcher (h)

$$f_{e,h} = \frac{1}{\exp\left[(E_{e,h} - \zeta_{e,h})/kT_{e,h}\right] + 1} \tag{5.14}$$

durch die (konzentrationsabhängigen) Quasi-FERMI-Niveaus $\zeta_{e,h}$ und die Elektronen- bzw. Löchertemperatur (T_e, T_h) charakterisiert wird; beide können größer als die Gittertemperatur sein.

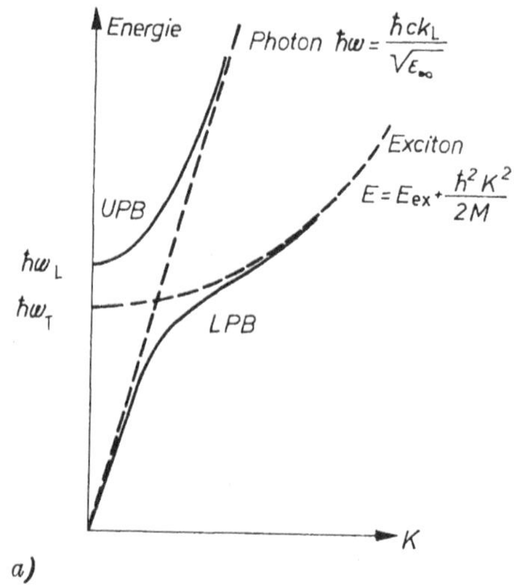

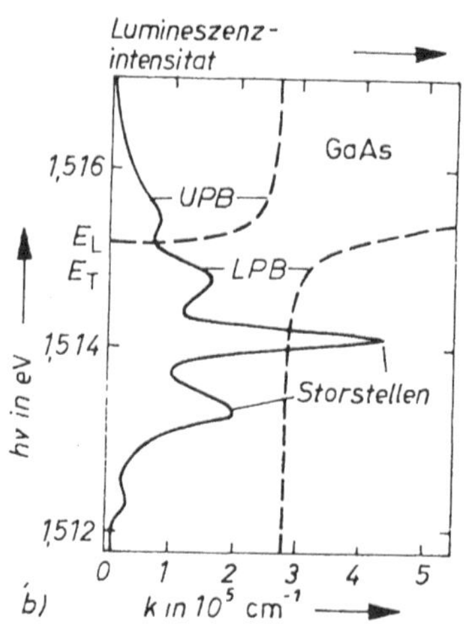

Abb. 5.25. a) Dispersionskurven des Exciton-Polaritons (UPB und LPB bezeichnen den oberen (upper) und unteren (lower) Zweig (nach [88]), b) Polaritonlumineszenz von den beiden Zweigen bei 2 K in GaAs (nach [85]). Die niederenergetischen Banden sind störstellenbedingt.

Unter der Annahme eines energieunabhängigen Dipolmatrixelements erhält man für direkte Übergänge freier Träger nach den Überlegungen in Abschn. 4.4. für die Intensität der Lumineszenz

$$I(h\nu) \sim \nu^2(h\nu - E_g)^{1/2} f_e; f_h, \tag{5.15}$$

was für eine MAXWELL-BOLTZMANN-Verteilung von Elektronen und Löchern gleicher Temperatur T_c in

$$I(h\nu) \sim \nu^2(h\nu - E_g)^{1/2} \exp\left[-(h\nu - E_g)/kT_c\right] \tag{5.15a}$$

übergeht. Die Lage der niederenergetischen Kante ist also durch $E_g(T_g)$, ihre Form unabhängig von der Temperatur durch den Verlauf der Zustandsdichte bestimmt. Die hochenergetische Flanke spiegelt dagegen die Verteilungsfunktion der Träger wider. Dieser Verlauf, insbesondere die Verschiebung der hochenergetischen Flanke mit wachsender Donatorkonzentration, konnte bei höheren Temperaturen und geringen Anregungsdichten ($T_c = T_g$) im wesentlichen bestätigt werden (Abb. 5.23), allerdings wird die niederenergetische Kante meist durch Störstelleneinflüsse deformiert. Steigert man die Anregungsdichte, erhöht sich die Trägertemperatur ($T_c > T_g$), und die hochenergetische Flanke der Lumineszenzbande verbreitert sich (Abb. 5.24).

Bei tiefen Temperaturen machen sich an der Absorptionskante auch in Emission ausgeprägte *Excitoneneffekte* bemerkbar. Da die direkten Excitonen stark mit Photonen koppeln, muß die Bandenform der Emission im Polaritonbild beschrieben werden [88], d. h., die Lumineszenz entspricht dem Zerfall eines gekoppelten Exciton-Photon-Zustandes an der Grenzfläche. Die Polaritondispersionskurve besteht aus zwei Ästen (Abb. 5.25a)), daher ergibt sich eine Doppelbande im Spektrum (Abb. 5.25b)). Daneben ist praktisch stets die Lumineszenz störstellengebundener Excitonen (s. Abschn. 6.3.) zu beobachten.

In ultradünnen Schichten dominiert die Lumineszenz freier (zweidimensionaler) Excitonen mit Energien knapp unterhalb der Absorptionsbande des tiefsten Subbandes, d. h. eine gegenüber dem Kompaktmaterial hochenergetisch verschobene Bande (Abb. 5.26a)). Dabei verkürzt sich mit abnehmender Schichtdicke die Abklingzeit (Abb. 5.26b)), d. h., die Übergangswahrscheinlichkeit wird infolge zunehmender Lokalisierung der Wellenfunktion vergrößert.

Bei höheren Anregungsdichten tritt vor allem in II-VI-Verbindungen die Lumineszenz thermalisierter heißer Excitonen auf

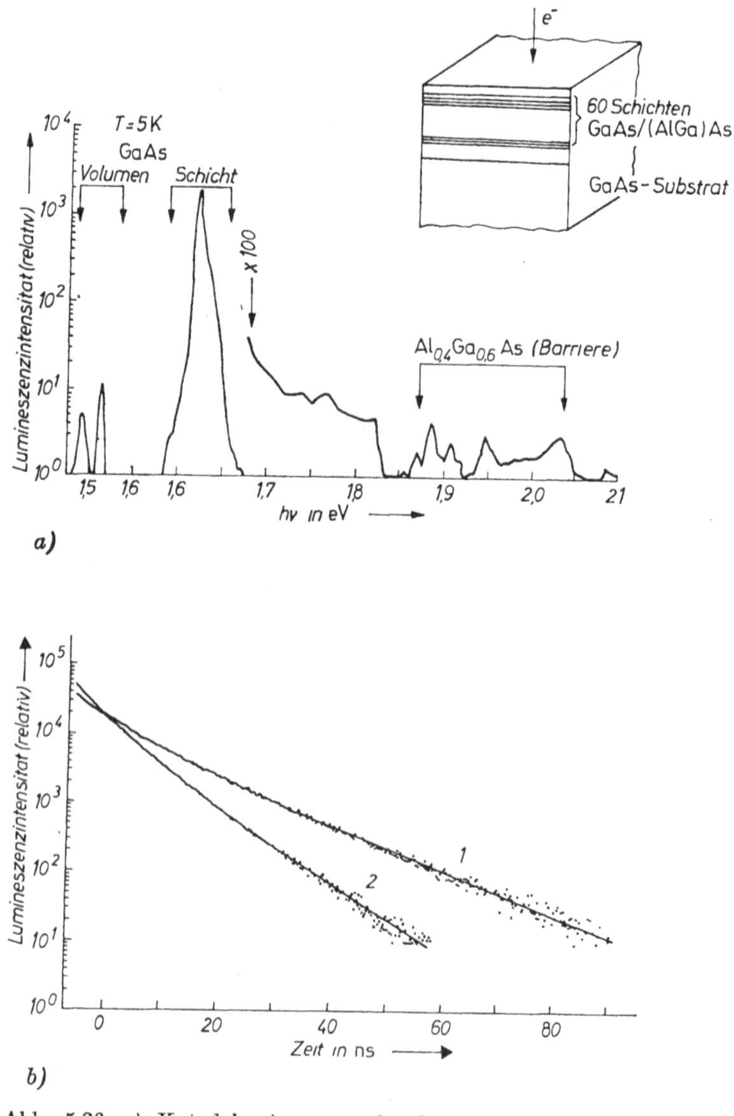

Abb. 5.26. a) Katodolumineszenz ultradünner GaAs-Schichten (Dicke 5,2 nm) zwischen (Al,Ga) As-Barrieren; b) zeigt das Abklingverhalten von zwei undotierten Schichten unterschiedlicher Dicke L_z (nach [181]): 1 — $L_z = 11{,}3$ nm, 2 — $L_z = 5{,}2$ nm ($T = 295$ K, $I_{ex} = 20$ W cm^{-2}).

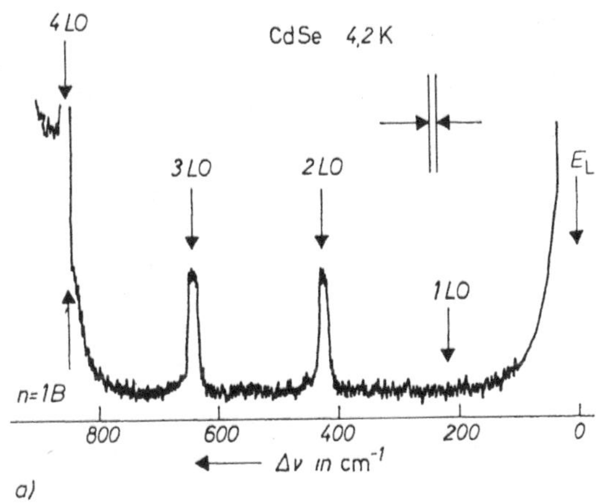

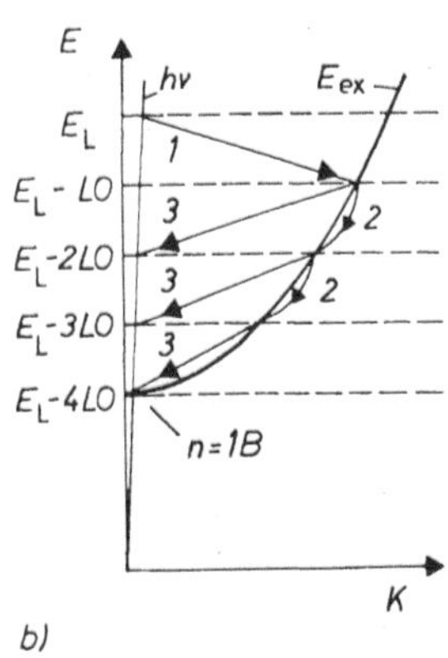

Abb. 5.27. a) Hochenergetischer Teil des CdSe-Emissionsspektrums bei Anregung mit einem He—Ne-Laser (λ_{exc} = 632,8 nm) (nach [89]). Die 1-LO-Linie fehlt.
b) Dispersionskurven von Excitonen und Photonen; 1 — phononenbegleitete (indirekte) Absorption, 2 — Relaxation heißer Excitonen, 3 — phononenbegleitete Emission nichtthermalisierter Excitonen

[85, 87], die sich ebenso wie die heißer Elektronen durch eine Verbreiterung der hochenergetischen Flanke der Lumineszenzbande bemerkbar macht. Dagegen wird das in Abb. 5.27 dargestellte CdSe-Spektrum [89] als Emission nichtthermalisierter heißer Excitonen erklärt: Durch Laseranregung wurden monoenergetische Excitonen hoher kinetischer Energie erzeugt, die unter LO-Phononenemission relaxieren, wobei aus jedem Zwischenzustand strahlende Rekombination (ohne thermische Verbreiterung) auftritt; ein überzeugendes Argument dafür ist das Fehlen der 1. Phononenwiederholung. Ähnliche Untersuchungen anderer Autoren werden als resonante Raman-Streuung interpretiert; eine klare

begriffliche Unterscheidung zwischen beiden Auffassungen ist noch in der Diskussion.

In indirekten Materialien sind in der Nähe der Kante $E_g^{(i)}$ nur phononenbegleitete Übergänge möglich: Infolge der geringen Übergangswahrscheinlichkeit sind bei niedrigen Anregungsdichten keine Übergänge freier Träger, sondern nur phononenbegleitete Excitonenübergänge beobachtbar. Sie haben niederenergetische

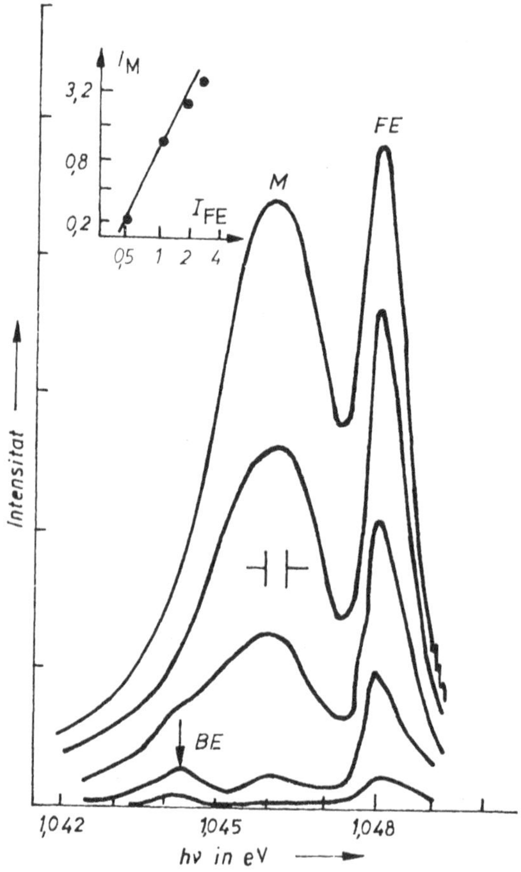

Abb. 5.28. Emissionsspektren von [100]-deformiertem Si ($p = 450$ MPa, $T = 1{,}8$ K) bei unterschiedlicher Anregungsdichte (nach [156]). Die Intensität I_M der Biexcitonenbande M wächst quadratisch mit der Intensität I_{FE} der Bande FE des freien Excitons.

Kanten bei

$$E_0 = E_g^{(1)} - R^* - \hbar\omega_q, \tag{5.16}$$

wobei R^* die Bindungsenergie des Excitons und $\hbar\omega_q$ die Energie des am Übergang beteiligten (erzeugten) Phonons ist. Solange die Excitonen eine thermische Verteilung haben, entspricht die Form der Lumineszenzbanden (5.15a)), wobei E_g durch E_0 zu ersetzen ist.

Erhöht man die Anregungsdichte, so treten im Lumineszenzspektrum neue Banden auf, die man freien Vielteilchenkomplexen zuordnet [90]. Abb. 5.28 zeigt als Beispiel die Lumineszenz von Si unter einachsigem Druck. Die mit zunehmender Anregungsintensität wachsende Bande M ist dem strahlenden Zerfall eines *Biexcitons* zuzuordnen.

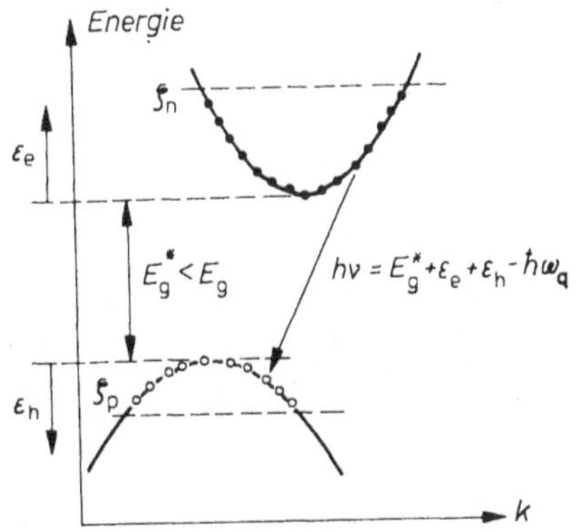

Abb. 5.29. Zur optischen Emission eines Elektron-Loch-Plasmas (Emission bei invertierter Bandbesetzung)

Bei weiterer Steigerung der Anregungsdichte tritt in einigen indirekten Materialien (Ge, Si, GaP) ein *Phasenübergang* von einem Gas freier Excitonen zu einer metallischen Elektron-Loch-Flüssigkeit auf [91]. Die vorliegende Inversion der Bandbesetzung (Abb. 5.29) macht sich spektroskopisch im Auftreten breiter Banden im Emissionsspektrum bemerkbar (Abb. 5.30), die jeweils niederenergetischer als die Excitonenlinien liegen. Ihre Form ergibt sich entsprechend dem Bänderschema der Abb. 5.29 durch Integration

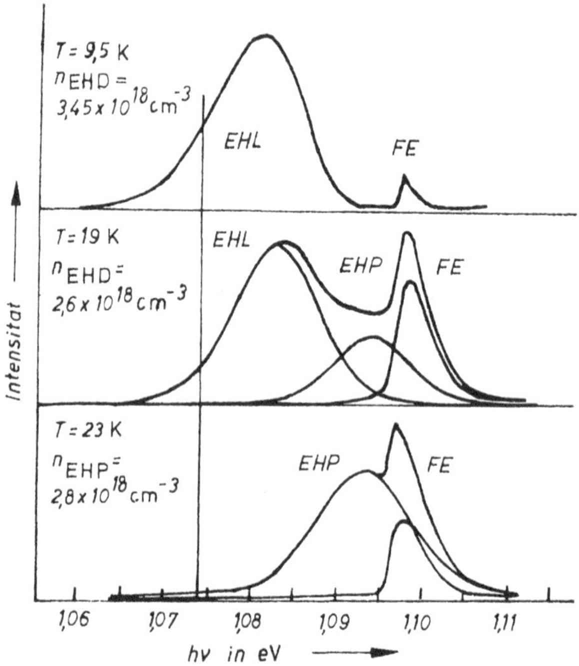

Abb. 5.30. Lumineszenzspektren von Si bei hoher Anregungsdichte (nach [157]). Freie Excitonen (FE) und Strahlung eines Elektron-Loch-Plasmas (EHP) dominieren bei hohen Temperaturen; bei tiefen Temperaturen stehen FE und Elektron-Loch-Flüssigkeit (EHL) im Gleichgewicht.

über die besetzten Leitungs- und Valenzbandzustände zu

$$I(h\nu) = A \int_0^\infty \int_0^\infty \varrho_c(\varepsilon_e)\, \varrho_v(\varepsilon_h)\, f_e f_h\, \delta(E_g^* + \varepsilon_e + \varepsilon_h - \hbar\omega_q - h\nu)\, d\varepsilon_e\, d\varepsilon_h . \tag{5.17}$$

E_g^* ist dabei die infolge von Vielteilchenwechselwirkungen verringerte Breite der verbotenen Zone, $\hbar\omega_q$ die Energie eines impulserhaltenden Phonons. Aus der Anpassung von berechneter und gemessener Linienform findet man die Trägerdichten $n = p$ und kann daraus das Phasendiagramm der Abb. 5.31 konstruieren. Auch in direkten Materialien läßt sich eine Besetzungsinversion erreichen; wegen der höheren Übergangswahrscheinlichkeiten

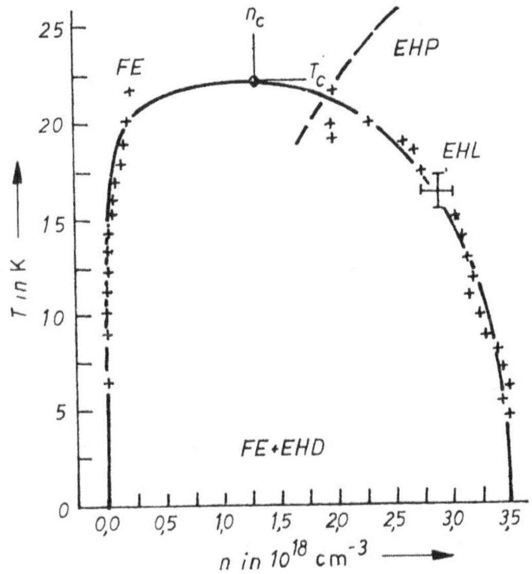

Abb. 5.31. Phasendiagramm der Elektron-Loch-Flüssigkeit (EHL) in Si. T_c und n_c sind die kritischen Parameter (nach [157]). Experimentelle Werte ergeben sich aus Spektren der Art der Abb. 5.30., die ausgezogene Kurve ist berechnet (nach [158]). Die gestrichelte Kurve entspricht dem MOTT-Übergang von FE zum EHP.

sind zum Erreichen der erforderlichen Trägerdichten von 10^{16} bis 10^{18} cm^{-3} allerdings noch höhere Anregungsdichten als in indirekten Materialien nötig. Aus dem gleichen Grunde tritt bei ihnen stimulierte Emission auf.

Dies wurde überzeugend durch den erfolgreichen Betrieb von Halbleiterlasern [92—94] und Emissionsmessungen an optisch angeregten (gepumpten) Materialien (Abb. 5.32) nachgewiesen. Ein unmittelbarer Nachweis der Besetzungsumkehr gelingt auch über die Messung der optischen Verstärkung (sogenannte gain-Spektroskopie), d. h. des bei Besetzungsumkehr negativen Absorptionskoeffizienten (Abb. 5.33). Das Auftreten stimulierter Prozesse (auch ohne optische Rückkopplung durch Spiegel in Form der sogenannten *Superstrahlung*) erschwert allerdings die Linienformanalyse und damit die Aufklärung der Details des Emissionsprozesses und des genauen Charakters des angeregten Zustandes (Elektron-Loch-Flüssigkeit oder Elektron-Loch-Plasma).

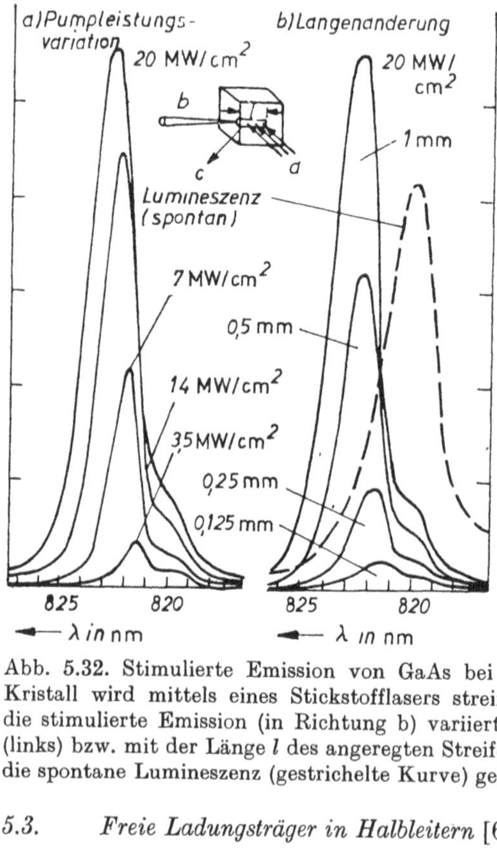

Abb. 5.32. Stimulierte Emission von GaAs bei 2 K (nach [159]). Der Kristall wird mittels eines Stickstofflasers streifenförmig angeregt (a), die stimulierte Emission (in Richtung b) variiert mit der Pumpleistung (links) bzw. mit der Länge l des angeregten Streifens. In Richtung c wird die spontane Lumineszenz (gestrichelte Kurve) gemessen.

5.3. *Freie Ladungsträger in Halbleitern* [63]

Freie Ladungsträger verursachen Absorptionen infolge von indirekten (phononenbegleiteten) Elektronenübergängen innerhalb eines Bandes und infolge von direkten Elektronenübergängen zwischen zwei Leitungs- bzw. Valenzbändern, und sie beeinflussen die Interbandabsorption. Sie können nur bei Energien unterhalb der Absorptionskante beobachtet werden.

5.3.1. *Absorption durch Intrabandübergänge*

Die Intrabandabsorption durch freie Träger entspricht weitgehend der in Abschn. 4.5.1. entwickelten Theorie. Der Absorptionskoeffizient steigt proportional zu λ^p ($p = 1{,}5 \cdots 3{,}5$ je nach dominierendem Streuprozeß) an (Abb. 5.34).

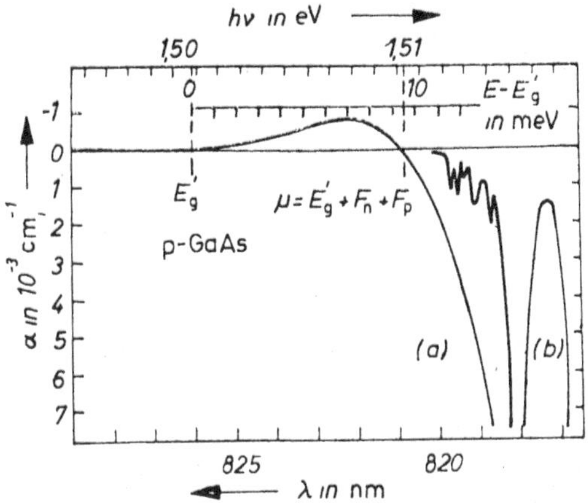

Abb. 5.33. (a) — Absorptionskoeffizient α eines optische angeregten GaAs-Kristalls bei 2·K; zwischen 1,50 und 1,51 eV ist α negativ, d. h., es dominiert die stimulierte Emission. (b) zeigt zum Vergleich das Absorptionsspektrum des unangeregten Kristalls (nach [160]).

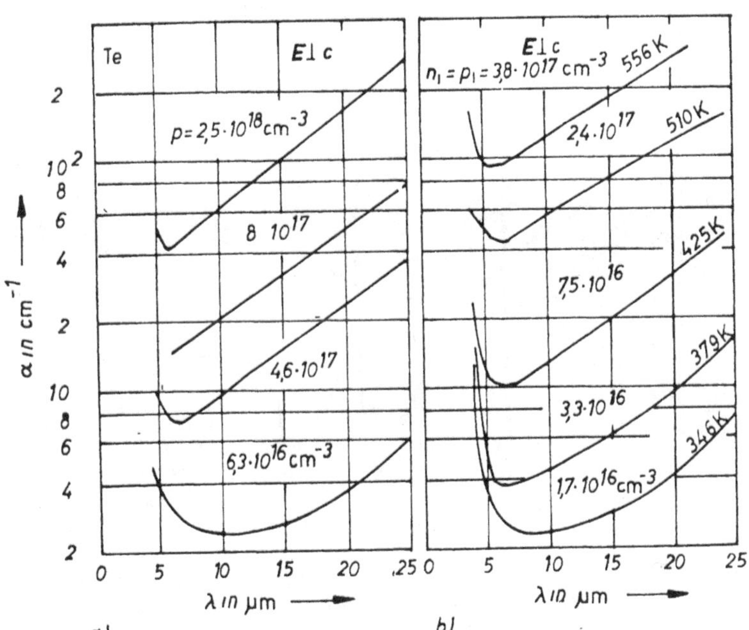

Abb. 5.34. Absorption freier Träger als Funktion der Wellenlänge für Te (nach [160]). a) dotierte Proben bei 294 K, b) eigenleitende Proben

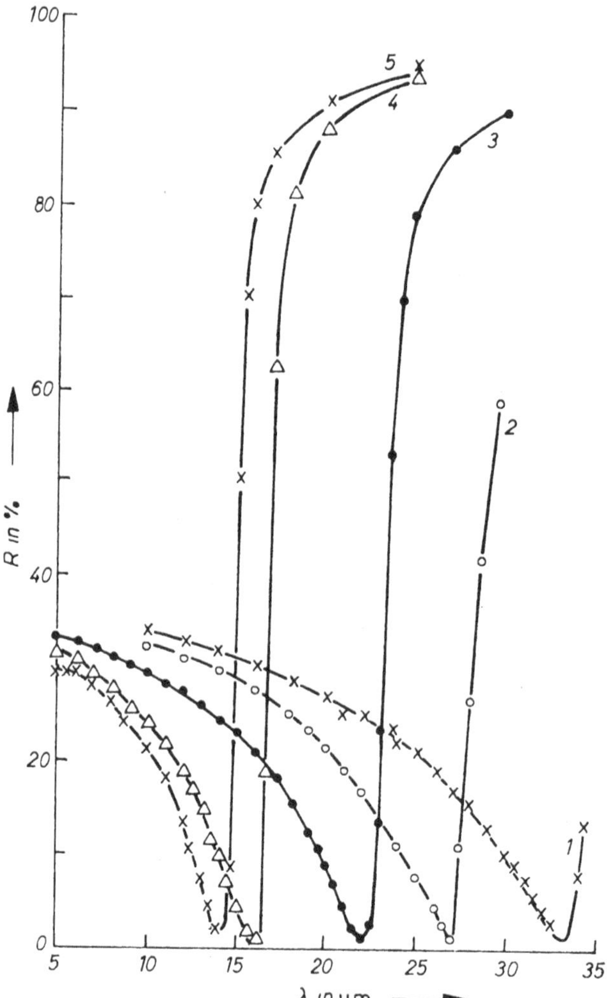

Abb. 5.35. Reflexionsvermögen R von fünf InSb-Proben unterschiedlicher Elektronenkonzentration N: 1 — $3{,}5 \cdot 10^{17}$ cm^{-3}, 2 — $6{,}2 \cdot 10^{17}$ cm^{-3}, 3 — $1{,}2 \cdot 10^{18}$ cm^{-3}, 4 — $2{,}8 \cdot 10^{18}$ cm^{-3}, 5 — $4{,}0 \cdot 10^{18}$ cm^{-3} (nach [161])

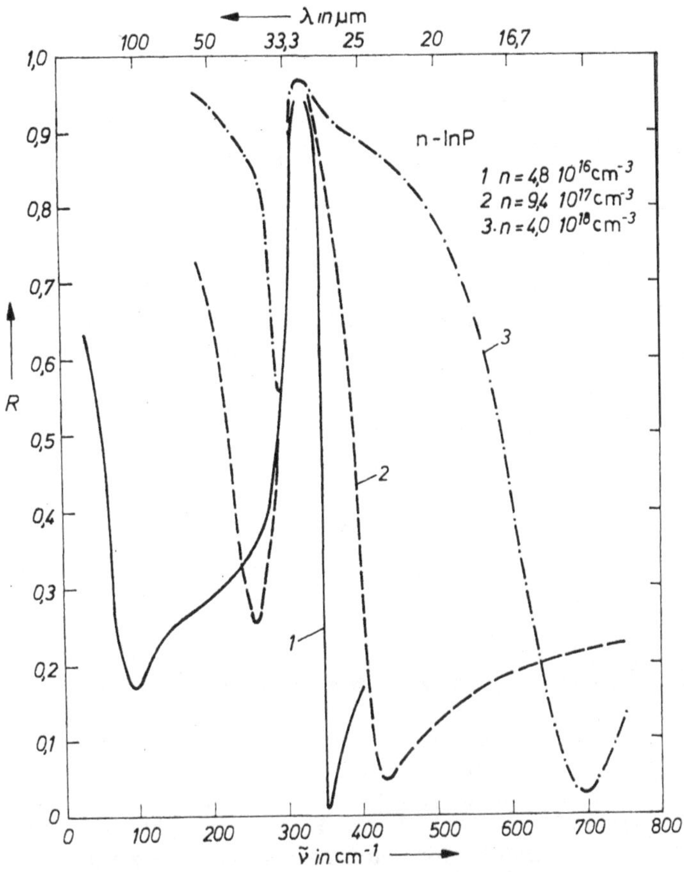

Abb. 5.36. Reflexionsvermögen R von drei InP-Proben unterschiedlicher Elektronenkonzentration (nach [162]). Infolge der Wechselwirkung der Plasma- mit der Gitterresonanz bei $\tilde{\nu}_{TO} = 304\ cm^{-1}$ treten zwei Reflexionsminima auf.

Experimentell einfacher und leichter auswertbar ist oft die Messung des Reflexionsvermögens R. R hat den in Abb. 5.35 dargestellten Verlauf mit dem charakteristischen Abfall bei

$$\omega_p = \left(\frac{Ne^2}{\varepsilon_0 \varepsilon_\infty m^*}\right)^{1/2}. \tag{5.18}$$

Die *Plasmafrequenz* ω_p ist unabhängig von der Relaxationszeit τ;[1]) ihre Messung liefert bei bekannter Trägerkonzentration N die effektive Masse m^*, bei bekannter effektiver Masse erlaubt sie die kontaktfreie Bestimmung der Trägerkonzentration – eine in der Halbleiterphysik oft benutzte Methode.

Liegt ω_p in der Nähe der optischen Phononenfrequenz ω_{LO}, so tritt Plasmon-Phonon-Kopplung auf (Abb. 5.36): Die Resonanzen des gekoppelten Elektron-Phonon-Systems liegen bei

$$\omega^\pm = \sqrt{\frac{1}{2}(\omega_p{}^2 + \omega_{LO}^2) \pm \frac{1}{2}\sqrt{(\omega_p{}^2 - \omega_{LO}^2)^2 + 16\omega_{LO}\omega_p c^2}}, \tag{5.19}$$

wobei $c = \frac{1}{2}\sqrt{\omega_{LO}\omega_p(1 - \varepsilon_{p0}/\varepsilon_s)}$ die zugehörige Kopplungskonstante ist [95]. ε_s und ε_∞ sind die statische bzw. hochfrequente Dielektrizitätskonstante.

5.3.2. *Direkte Übergänge unter Beteiligung freier Träger*

Durch freie Ladungsträger werden infolge des Pauli-Prinzips die kantennahen optischen Übergänge ausgeschaltet, es kommt zu einer Blauverschiebung (Burstein-Moss-Verschiebung [96]) der Absorptionskante (Abb. 5.37). Die Kante $\hbar\omega^{(s)}$ wird nicht mehr durch E_g, sondern durch die Lage des Fermi-Niveaus bestimmt und sollte im n-Halbleiter bei Durchbrechung der $\boldsymbol{k}$-Auswahlregel an der Stelle

$$\hbar\omega^{(s)} = E_g + \zeta_n \tag{5.20}$$

---

[1]) Bei genügend hohen Frequenzen sind die Auslenkungen der Träger durch das elektrische Feld kleiner als die mittlere freie Weglänge, d. h., Stoßprozesse spielen im Unterschied zu niedrigen Frequenzen nur eine untergeordnete Rolle.

liegen. ζ_n ist das Fermi-Niveau, bezogen auf das Leitungsbandminimum.

Tatsächlich sind jedoch in den meisten Fällen die Verhältnisse wesentlich komplizierter. Einerseits kommt es bei hohen Dotierungen zum Verschmelzen von Band- und Störstellenzuständen, was den kantennahen Verlauf der Zustandsdichte wesentlich beeinflußt, andererseits führen Vielteilchenwechselwirkungen zu einer Verringerung der Breite der verbotenen Zone. Außer der

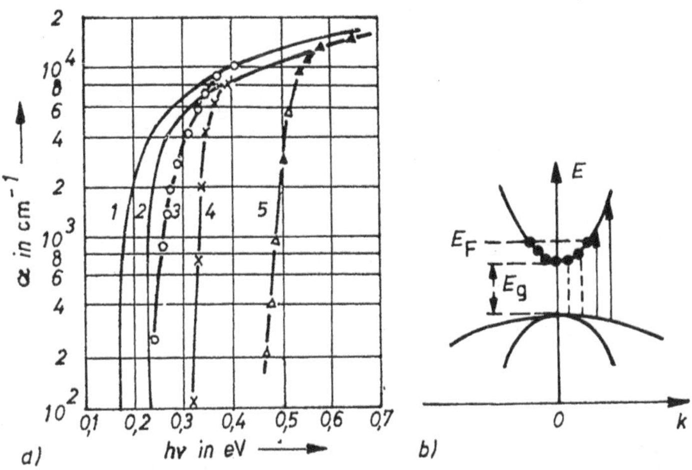

Abb. 5.37. a) Absorptionskoeffizient verschiedener InSb-Proben (nach [163]): 1 (300 K) und 2 (77 K) – reines Material; 3 (300 K) und 4 (77 K) – $n = 6 \cdot 10^{17}$ cm^{-3}; 5 (5 K) – $n = 2 \cdot 10^{18}$ cm^{-3}.
b) Zugehörige Bandstruktur. Die gestrichelt eingezeichneten Übergänge unterhalb der Fermi-Energie E_F sind verboten.

Burstein-Moss-Verschiebung führen direkte Übergänge unter Beteiligung freier Träger zu charakteristischen dotierungsabhängigen (konzentrationsabhängigen) Absorptionsbanden. Abb. 5.38 zeigt als Beispiel den X_1-X_3-Übergang in n-GaP, Abb. 5.39 die charakteristischen p-Banden in Ge, aus denen die Struktur der Valenzbänder in der Umgebung von $\boldsymbol{k} = 0$ erschlossen wurde.

Optisch angeregte Träger schirmen auch bei tiefen Temperaturen die typischen Excitonenstrukturen ab und verursachen einen dynamischen Burstein-Moss-Effekt, aus dem sich Informationen über die Trägerverteilung gewinnen lassen [97].

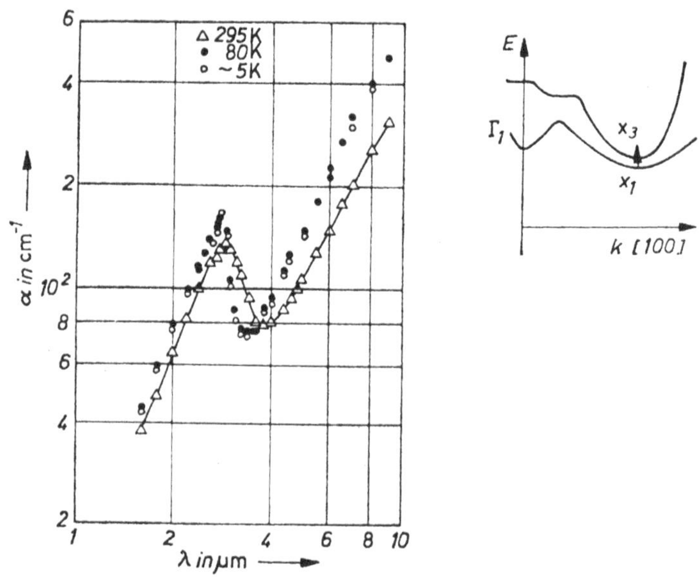

Abb. 5.38. Absorptionskoeffizient von n-GaP ($n \doteq 10^{18}$ cm^{-3}) (nach [164])

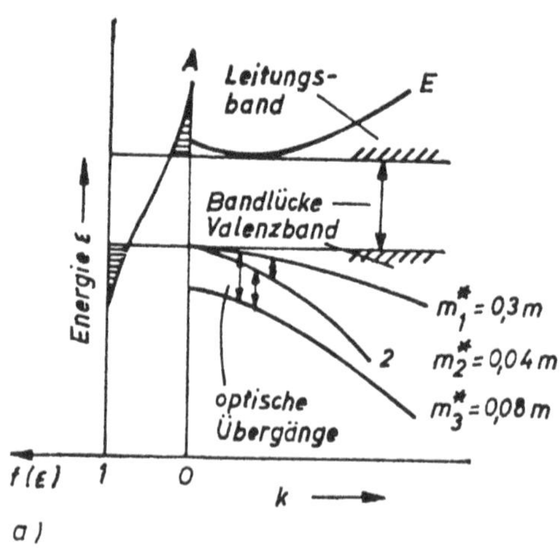

a)

Abb. 5.39 (Fortsetzung und Bildunterschrift siehe S. 133)

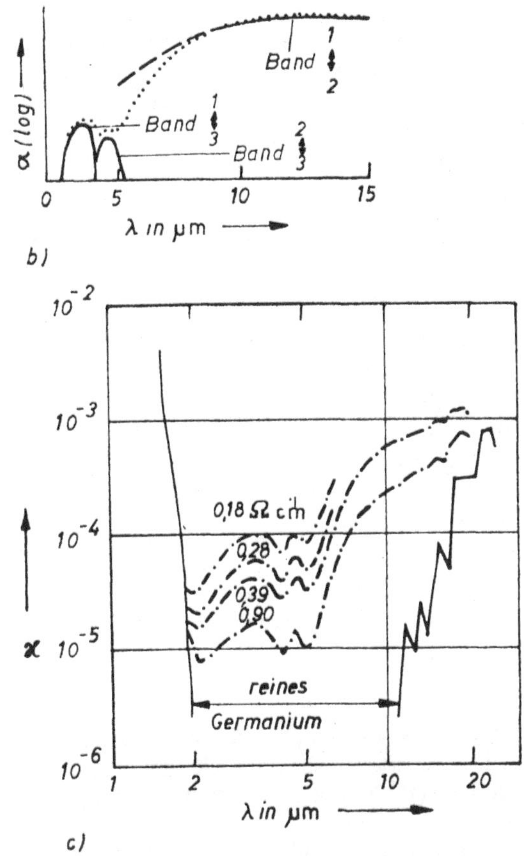

Abb. 5.39. a) Valenzbandstruktur von Ge und Besetzungswahrscheinlichkeit, b) berechnetes Absorptionsspektrum, c) an p-Ge verschiedener Leitfähigkeit gemessene Absorption: links Bandkante, rechts Gitterschwingungen (nach [165])

5.4. *Photoemission* [S 16, S 17, S 44, S 48]

Bei der Photoemission werden die aus einer bestrahlten Probe austretenden Elektronen mittels eines Elektronenspektrometers hinsichtlich ihrer Energie analysiert. Dabei kann man winkelintegrierend oder winkelaufgelöst messen; in magnetischen Materialien und (oder bei Anregung mit zirkular polarisiertem Licht) sind auch spin-polarisierte Messungen sinnvoll [98]. Theoretisch wird die Photoemission recht gut durch ein 3-Stufen-Modell beschrieben, durch das der Gesamtprozeß als zeitliche Aufeinanderfolge unkorrelierter Teilprozesse betrachtet wird:

1. optische Anregung,
2. Transport zur Oberfläche (evtl. unter Energieverlust durch unelastische Streuung und Anregung von Sekundärelektronen),
3. Durchtritt durch die Oberfläche (mit einer im allgemeinen energie- und winkelabhängigen Transmissionswahrscheinlichkeit).

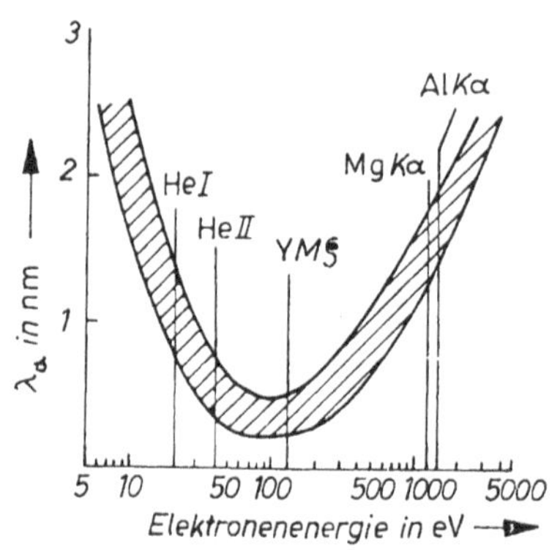

Abb. 5.40. Austrittstiefe bei der Photoemission und Energien typischer Anregungsquellen

Maßgebend für die Art der Informationen, die Elektronenemissionsmessungen liefern, ist die *Austrittstiefe* λ_a der Elektronen, die entsprechend Abb. 5.40 von ihrer kinetischen Energie abhängt. Im Bereich von 20···200 eV ist λ_a minimal und hat etwa die Größe einer Gitterkonstanten; dementsprechend erhält man vorwiegend Informationen über die energetischen Verhältnisse an der Oberfläche, z. B. über Oberflächen- und Adsorbatzustände (Oberflächenregime). Untersuchungen bei niedrigeren und höheren Energien geben Informationen über die energetischen Verhältnisse im Volumen.

5.4.1. *Energieverteilung bei konstanter Photonenenergie*

Bei den bisher überwiegend benutzten winkelintegrierenden Meßverfahren und Anregung mit konstanter Photonenenergie mißt man die *Energieverteilung* der emittierten Elektronen. Bei Anregung mit Röntgenstrahlen (XPS: X-ray photoelectron spectro-

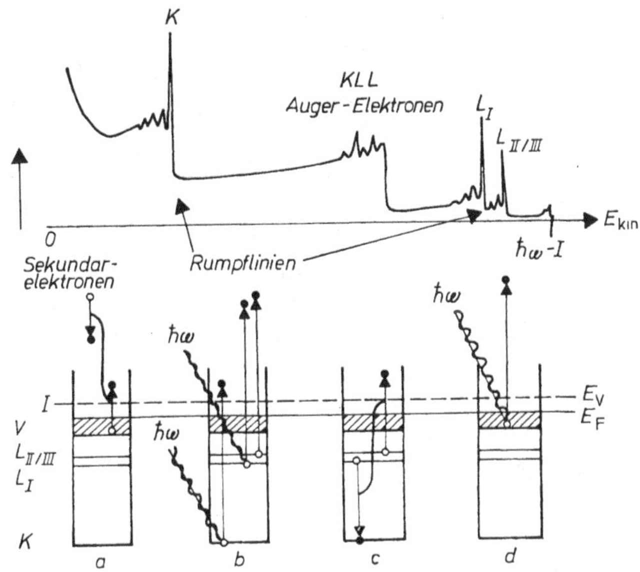

Abb. 5.41. Prozesse, die zum Photoelektronenspektrum bei Röntgenanregung (XPS) beitragen: direkte Anregung von Rumpfelektronen (b) oder Valenzelektronen (d), AUGER-Prozesse (c) und unelastische Streuprozesse mit Sekundäranregungen (a). V bezeichnet das Valenzband, E_V ist das Vakuumniveau. Im oberen Teil ist der Emissionsstrom als Funktion der kinetischen Energie der ausgetretenen Elektronen angegeben, I ist die Ionisierungsenergie (nach [S 48]).

scopy) tragen zum Spektrum die in Abb. 5.41 schematisch dargestellten Prozesse bei; bei Anregung mit UV-Lichtquellen (UPS: ultraviolet photoemission spectroscopy, Anregungsenergie kleiner als 40,8 eV der He-II-Linie) erhält man nur die Emission aus Valenzband- und eventuell aus d-Zuständen. Auf der niederenergetischen Seite der „elastischen" Hauptpeaks des Spektrums treten Strukturen auf, die durch unelastische Streuung während des Transportprozesses oder beim Elektronenaustritt bedingt sind (Elektronen- und Plasmonenanregung). Die genaue Untersuchung derartiger Volumen- oder Oberflächenverluste ist Gegenstand der Elektronenverlustspektroskopie (ELS, electron energy loss spectroscopy), bei der allerdings meist unmittelbar die Verluste bei der Reflexion monoenergetischer Elektronen an Oberflächen gemessen werden.

Im Falle der UPS ist die Energieverteilung (bei Annahme konstanter Übergangs- und Austrittswahrscheinlichkeit) wegen der Auswahlregel $\Delta \boldsymbol{k} = 0$ proportional zur kombinierten Zustandsdichte der beteiligten Bänder (Bandstrukturregime), man erhält Spektren mit vielen Strukturen, die den kritischen Punkten entsprechen. Mit wachsender Photonenenergie (Übergang ins XPS-Regime) verliert die Auswahlregel ihre Gültigkeit, die Energieverteilung wird proportional zum Produkt der Zustandsdichten von Anfangs- und Endzustand. Da die Leitungsbandzustandsdichte bei hohen Energien wenig strukturiert ist (quasifreie Elektronen haben $\varrho \sim \sqrt{E}$), liefert die Emission aus dem Valenzband in guter Näherung die Valenzbandzustandsdichte (Abb. 5.42).

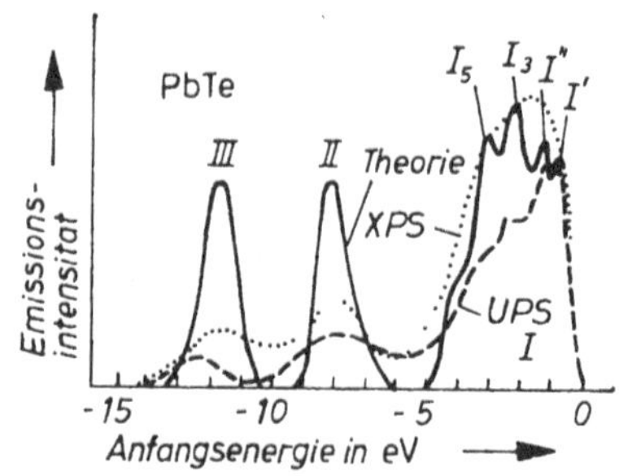

Abb 5.42. Energieverteilung (XPS- und UPS-Spektren) der Photoelektronen von PbTe (nach [166]). Energienullpunkt ist die Valenzbandoberkante. Die theoretische Kurve ist die LORENTZ-verbreiterte Valenzbandzustandsdichte.

Photoemission aus Rumpfzuständen kann ebenso wie die Messung der charakteristischen Röntgenstrahlung zur Bestimmung der chemischen Verschiebung der Rumpfzustände und damit zur chemischen Analyse benutzt werden (Abb. 5.43); in diesem Zusammenhang bezeichnet man die XPS auch als ESCA (electron spectroscopy for chemical analysis).

Auch bei der Photoemission machen sich Vielteilcheneffekte bemerkbar. Sie führen zu Strukturen im Spektrum, die nicht im Einteilchenbild zu verstehen sind.

Besonders ausgeprägt sind Multiplettaufspaltungen in den Spektren von Atomen mit offenen Schalen (Übergangsmetallen und seltenen Erden) [99]. Beispielsweise führt die Mn-3s-Emission der Ionenverbindung MnF_2 vom Mn^{2+} zum Mn^{3+}. Mn^{2+} hat die

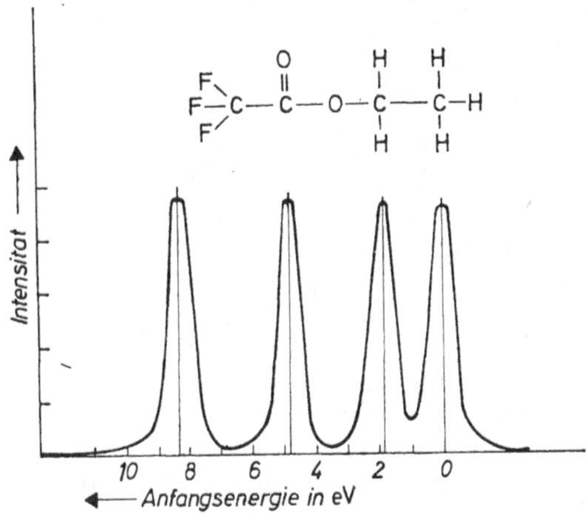

Abb. 5.43. Chemische Verschiebung im Photoelektronenspektrum der Kohlenstoff-1s-Rumpflinie von Ethylfluoroazetat (nach [167]). Die Molekülstruktur zeigt die 4 unterschiedlichen C-Atome in der gleichen Reihenfolge wie die entsprechenden Linien im Spektrum. Der Wert 0 der Energieskale entspricht einer Bindungsenergie von 291,2 eV.

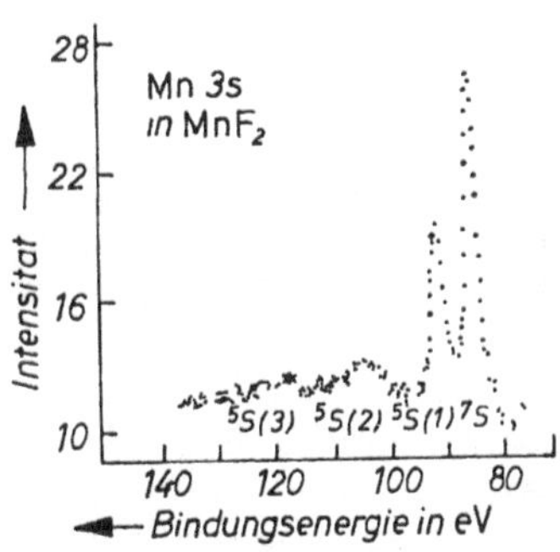

Abb. 5.44. Multiplettstruktur in der Mangan-3s-Schale, gemessen im Photoemissionsspektrum von MnF_2 mit Al$-K_\alpha$-Strahlung (nach [100])

Konfiguration [Ar] $3s^23p^63d^5$: ^6S (parallele Spinanordnung der 5 Elektronen der 3d-Schale); für Mn^{3+} mit der Konfiguration [Ar] $3s3p^63d^5$ sind wegen des Lochs in der 3s-Schale die beiden Zustände ^5S und ^7S (s-Spin antiparallel bzw. parallel zu den d-Spins) möglich, die sich energetisch unterscheiden und daher bei monoenergetischer Anregung zu unterschiedlichen kinetischen Energien der Photoelektronen führen (Abb. 5.44). Entsprechend der Entartung ist ein Intensitätsverhältnis der Linien von 5 : 7 zu erwarten.

Tatsächlich sind die Verhältnisse komplizierter, da der Endzustand ^5S noch Anteile der Konfiguration [Ar] $3s^23p^43d^6$ enthält, die zu den schwachen Linien $^5S(2)$ und $^5S(3)$ führen und die Intensitäten beeinflussen. Neben diesen Endzustandseffekten sind infolge von Konfigurationswechselwirkungen im Grundzustand auch Multipletts infolge Anfangszustandseffekten möglich.

Die Elektron-Elektron-Wechselwirkung im (ionisierten) Endzustand kann zu einer Umverteilung der Anregungsenergie auf mehrere Elektronen führen. Im einfachsten Fall des AUGER-Effekt entsteht dadurch ein doppelt ionisierter Atomzustand und ein (zweites) Photoelektron, das die freiwerdende Energie aufnimmt. Üblicherweise gibt man für einen derartigen Prozeß die Löcherbesetzung im Anfangs- und Endzustand an, also z. B.

$$\mathrm{K} \to \mathrm{LL} + E_{\mathrm{kin}}. \tag{5.21}$$

AUGER-Elektronen haben dementsprechend diskrete elementspezifische Energien (unabhängig von der Anregungsenergie) und können zur chemischen Analyse benutzt werden. Da ihre Energie und damit ihre Austrittstiefe kleiner als die der Photoelektronen ist, ist die AUGER-Elektronenspektroskopie (AES) besonders oberflächenselektiv [101]. Eine genaue Berechnung der Emissionsenergie ist kompliziert. Näherungsweise ist

$$E_Z(\mathrm{LL}) \approx E_Z(\mathrm{L}) + E_{Z+1}(\mathrm{L}), \tag{5.22}$$

da das fehlende erste Elektron die Abschirmung um eine Ladung verringert, d. h. das 2. Elektron effektiv eine auf $Z + 1$ erhöhte Kernladung spürt. Bei genauerer Betrachtung sind jedoch auch beim AUGER-Effekt Multiplett-Aufspaltungen infolge unterschiedlicher Kopplungen der Löcherspins zu berücksichtigen [102]. Außer dem Auftreten von Röntgensatelliten und der Lebensdauerverkürzung der angeregten Löcher beeinflußt der AUGER-Effekt auch stark die Intensitätsverteilung der charakteristischen Röntgenstrahlung.

5.4.2. *Anregungsspektroskopie*

Bei Verfügbarkeit von Synchrotronstrahlung [S 17, S 44] kann man Messungen mit variabler Photonenenergie $\hbar\omega$ im UPS- und im XPS-Bereich ausführen.

Integriert man bei Nachweis der Photoelektronen über die Energieverteilung und variiert die Anregungsenergie, so bezeichnet man das Verfahren als *Ausbeutespektroskopie* (PEYS, photoelectron yield spectroscopy). Das dabei gemessene Spektrum ist unter bestimmten Voraussetzungen dem Absorptionskoeffizienten in einer dünnen Oberflächenschicht proportional, so daß oberflächentypische Details betont auftreten (Abb. 5.45), [S 48].

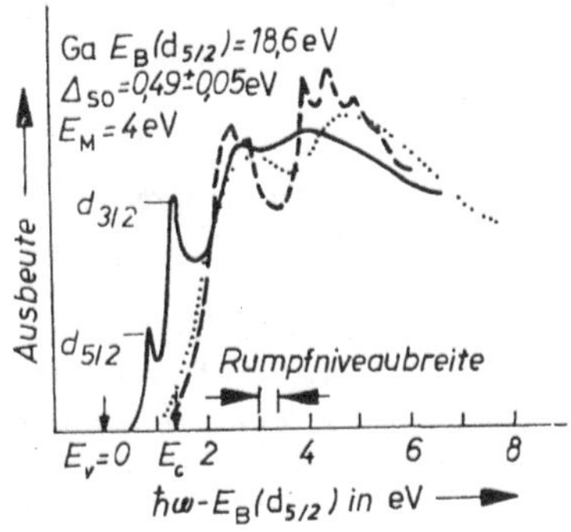

Abb. 5.45. Ausbeutespektrum des Ga-3d-Leitungsband-Übergangs in GaAs (ausgezogene Linie). Zum Vergleich ist die Leitungsbandzustandsdichte (gestrichelt) und das Absorptionsspektrum (punktiert) eingezeichnet (nach [169]).

Bei energieaufgelöstem Nachweis sind zwei Meßverfahren möglich:

1. Constant final state spectroscopy (CFS): $E_{kin} = \text{const}$, $\hbar\omega$ variabel,
2. Constant initial state spectroscopy (CIS): $E_{kin} - \hbar\omega = \text{const}$, d. h. synchrone Variationen von E_{kin} und $\hbar\omega$.

Erstere liefert unmittelbar die Zustandsdichte ϱ_i im Anfangszustand (da die Zustandsdichte ϱ_f im Endzustand konstant bleibt), letztere die Zustandsdichte ϱ_f im Endzustand.

5.4.3. *Winkelaufgelöste Photoemission* [S 48]

Mißt man Energie und beide Austrittswinkel des Photoelektrons (ARPES, angle resolved photoelectron spektroscopy, auch ARUPS, angle resolved ultraviolet photoelectron spectroscopy), so ist sein Zustand nach dem Austritt vollständig bestimmt. Wegen der Periodizität parallel zur Oberfläche bleibt die Tangentialkomponente des Wellenzahlvektors $\boldsymbol{K}$ des Elektrons beim Austritt ungeändert:

$$\boldsymbol{K}_{\|} = \boldsymbol{k}_{\|} + \boldsymbol{G}_{\|} \tag{5.23}$$

($\boldsymbol{k}$ ist der reduzierte Ausbreitungsvektor, $\boldsymbol{G}$ ein Vektor des reziproken Gitters). Wegen der Energieerhaltung beim Austritt gilt ferner

$$\frac{\hbar^2}{2m_0} \boldsymbol{K}_{\perp}^2 = \left(E_{\mathrm{f}}(\boldsymbol{k}) - E_{\mathrm{vak}}\right) - \frac{\hbar^2}{2m_0} (\boldsymbol{k}_{\|} + \boldsymbol{G}_{\|})^2, \tag{5.24}$$

d. h., durch die Energie $E_{\mathrm{f}}(\boldsymbol{k})$ des Endzustands (relativ zum Vakuumniveau) sind die Austrittsrichtungen der Elektronen eindeutig festgelegt. Umgekehrt kann man aus den Messungen nicht direkt die Bandstruktur bestimmen, da $\boldsymbol{k}_{\perp}$ in den obigen Gleichungen nicht vorkommt, also unbestimmt bleibt.

Man erhält jedoch bei festem $\boldsymbol{K}_{\|}$ Informationen über die Zustände längs hochsymmetrischer Richtungen in der BRILLOUIN-Zone (unter bestimmten Annahmen über die eindimensionale kombinierte Interbandzustandsdichte), d. h. über die Projektion der Volumenzustände auf die Oberflächen-BRILLOUIN-Zone. Speziell für GaAs gelang es bereits, Volumen- und Oberflächeneffekte zu trennen [103] und Energiebänder von Oberflächenzuständen (bzw. -resonanzen) zu ermitteln. Voraussetzung für derartige Untersuchungen ist sowohl aus Intensitätsgründen als auch wegen der Trennung von Valenzband- und Leitungsbandzuständen durch CFS- und CIS-Verfahren die Nutzung von Synchrotronstrahlung.

6. Elektronenübergänge unter Beteiligung von Störstellen [S. 38, S. 49]

Optische Störstellenuntersuchungen sind auf die von der Grundgitterabsorption freien Spektralbereiche beschränkt. Das bedeutet im Einelektronenbild, daß wenigstens einer der am optischen Übergang beteiligten Zustände in der verbotenen Zone liegt; Störstellenuntersuchungen konzentrieren sich daher auf relativ breitlückige Materialien. Störstellen können sowohl direkt (durch Absorption der Störstelle selbst) als auch indirekt über das Wirtsgitter oder eine andere Störstelle angeregt werden; bei indirekter Anregung schließen sich an die Absorption noch z. T. komplizierte Energieübertragungsmechanismen an.

Mit wachsender Konzentration treten Störstellen durch direkten Energietransfer oder eine indirekte Energieübertragung über Bandzustände des Wirtskristalls in Wechselwirkung. Bei genügend starker Kopplung kommt es auch zu optischen Übergängen im Bereich von Störstellenpaaren bzw. -clustern. Theoretisch lassen sich die optischen Eigenschaften von Störstellen weitgehend mit atomaren Vorstellungen beschreiben (s. Abschn. 2.1.); je nach Grad der Lokalisierung der Wellenfunktionen spielt dabei die Elektron-Phonon-Kopplung (Abschn. 4.5.) oft eine wichtige Rolle. Störstellen liefern häufig Linienspektren mit hohem Informationsgehalt. Die detaillierte Untersuchung des Linienprofils erbringt wichtige Aussagen über den Wirtskristall: bei inhomogener Linienverbreiterung über die mikroskopische Umgebung und damit die Struktur, bei homogener Verbreiterung über dynamische Prozesse.

Zur experimentellen Untersuchung (vorwiegend mit Lasern, [S 49]) werden neben Absorptions- und Emissionsmessungen Methoden der Anregungsspektroskopie, zeitauflösende, magneto- und piezooptische Methoden sowie Raman-Spektroskopie [S 50], Photoleitungsuntersuchungen [S 51] und Verfahren der magnetischen Resonanz [104] (EPR, electron paramagnetic resonance bzw. ENDOR, electron nuclear double resonance) eingesetzt.

6.1. *Intra-Störstellen- und Band-Störstellen-Übergänge*

Elektronenübergänge innerhalb einer Störstelle ändern deren Ladungszustand nicht. Sie führen bei schwacher Elektron-Phonon-Wechselwirkung zu linienhaften Spektren mit klar unterscheidbaren rein elektronisch bedingten Nullphononenlinien und im Emissionsspektrum niederenergetisch verschobenen Phononensatelliten; bei starker Elektron-Phonon-Kopplung treten dagegen breite Banden mit nicht oder kaum auflösbarer Phononenstruktur und schwache oder nicht nachweisbare Nullphononenlinien auf. Optische Anregung in das zugehörige Band (Abb. 6.1a)) entspricht der Photoionisation freier Atome und äußert sich im Spektrum als Seriengrenzkontinuum (Abb. 6.2a)); ein empfindlicher Nachweis dieser Übergänge ist in Halbleitern auch durch die Messung der störstellenbedingten Photoleitung möglich. Der inverse Prozeß des Trägereinfangs aus dem zugehörigen Band erfolgt überwiegend strahlungslos unter Emission eines oder mehrerer Phononen. Im Unterschied zum Verhalten freier Atome sind im Festkörper auch Übergänge zu den nicht zugehörigen Bändern möglich, die als Frei-gebunden-Übergänge bezeichnet werden.

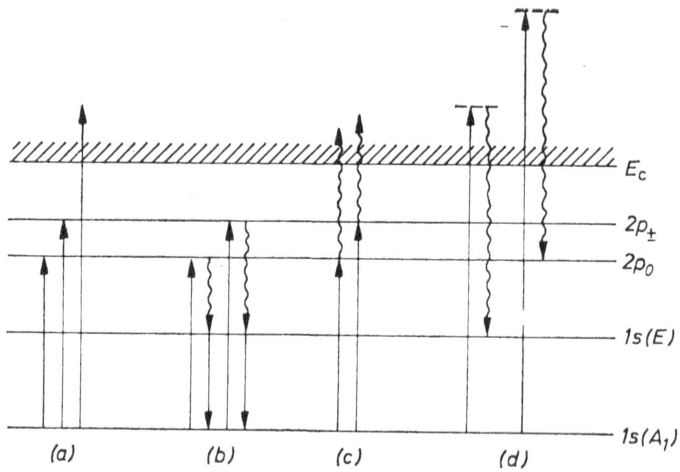

Abb. 6.1. Optische Übergänge unter Beteiligung flacher Störstellenzustände: (a) Absorption, (b) Anregung von Intra-Störstellen-Lumineszenz, (c) photothermische Anregung, (d) Photoleitung mit resonantem Wiedereinfang. Die Schlangenlinien kennzeichnen thermische (strahlungslose) Übergänge. Die Termbezeichnungen gelten für Si.

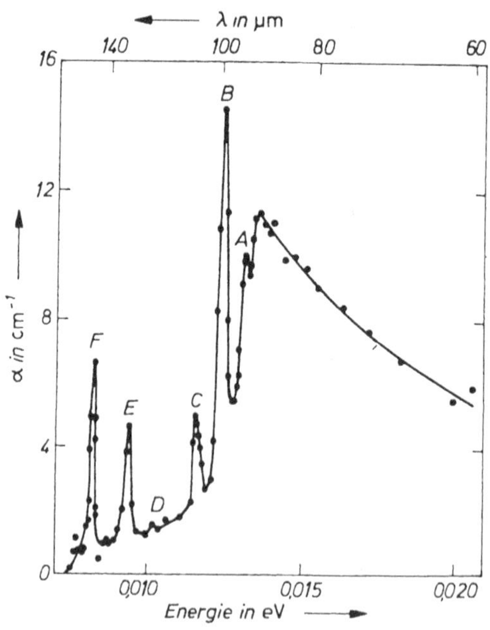

Abb. 6.2.a) (Fortsetzung und Abbildungsunterschrift siehe S. 143)

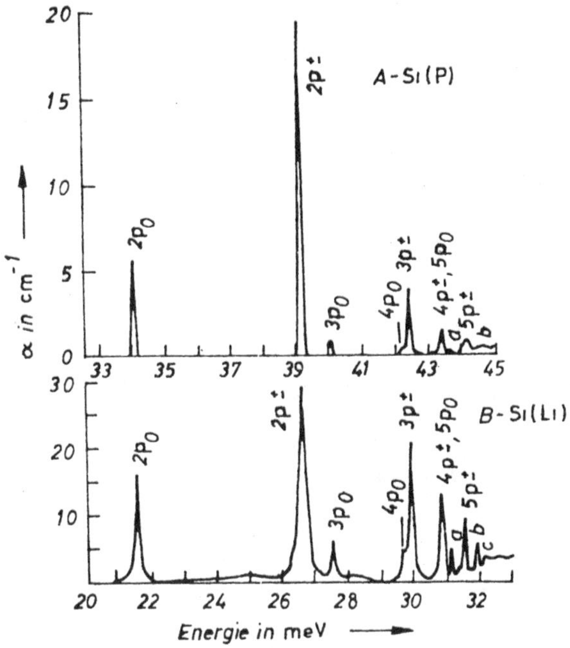

b)

Abb. 6.2. a) Absorption von As-Donatoren in Ge (nach [170]), b) Absorption von P- bzw. Li-Donatoren in Si (nach [171]). Die Übereinstimmung der Linienabstände bei unterschiedlicher energetischer Lage beweist die Gleichheit der angeregten Donatorzustande unabhängig von der chemischen Natur der Störstelle.

Intra-Störstellen-Übergänge flacher Zentren liegen im langwelligen infraroten Spektralbereich. Sie sind mehr oder weniger wasserstoffähnlich, da ihnen das Termschema der Effektiv-Masse-Theorie (Abschn. 2.2.3.1.) zugrunde liegt. Sie stehen in keinem Zusammenhang mit dem Spektrum des betreffenden freien Atoms bzw. Ions. Experimentell läßt sich die Termstruktur aus verschiedenartigen Tieftemperaturspektren erschließen (Abb. 6.1): Außer Absorptionsspektren (Abb. 6.2) sind Anregungsspektren der Lumineszenz und der Photoleitung (Abb. 6.3 und 6.4) wichtige Informationsquellen. Spektren flacher Störstellen sind häufig stark durch Gitterschwingungen überdeckt; die Termstruktur

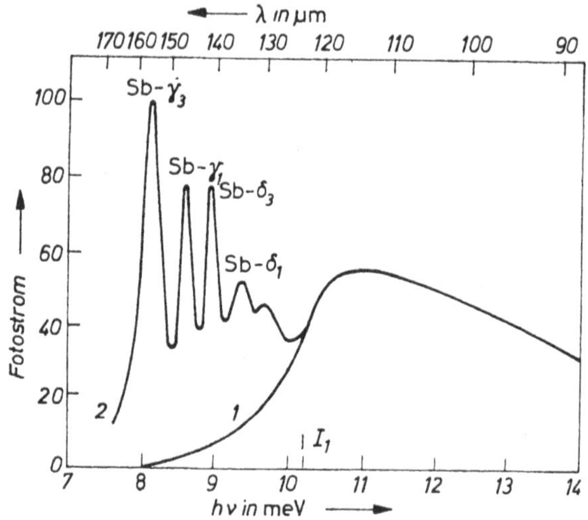

Abb. 6.3.

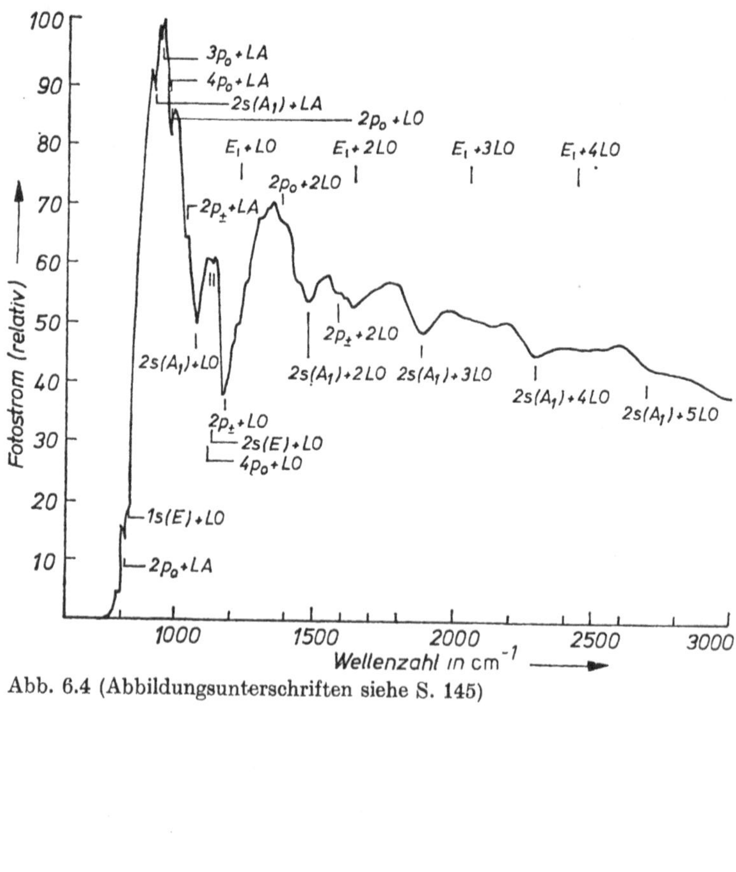

Abb. 6.4 (Abbildungsunterschriften siehe S. 145)

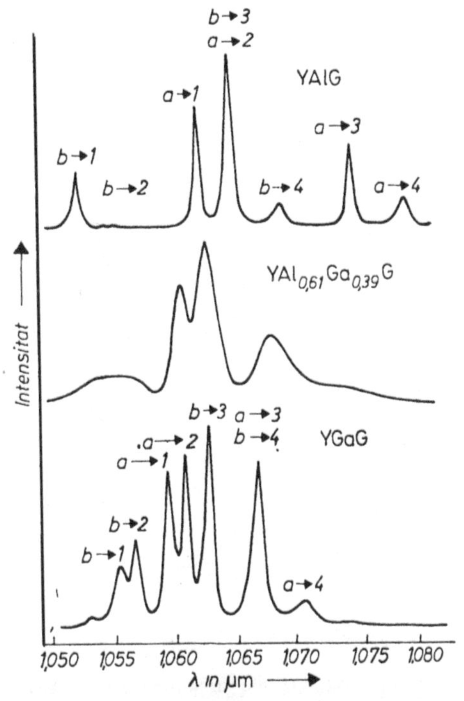

Abb. 6.5. a) Emissionsspektren von $Y_3Al_5O_{12}$ (YAlG), $Y_3Ga_5O_{12}$ (YGaG) und $Y_3(Al_{0,61}Ga_{0,39})_5O_{12}$ bei 300 K und breitbandiger Anregung (nach [106]) (Fortsetzung siehe S. 146)

Abb. 6.3. Photoleitfähigkeit von Ge bei 4,2 K (1) und 10 K (2) (nach [172]). Bei 10 K führt die thermische Ionisierung optisch angeregter gebundener Zustände von Antimon-Donatoren zu scharfen Linien unterhalb der Ionisierungsenergie, vgl. Abb. 6.1 (c).

Abb. 6.4. Photoleitfähigkeit von S-dotiertem GaP (8 K, 670 V/cm). Die Minima entstehen durch resonanten Trägereinfang in Störstellenzustände bei Phononenemission [173].

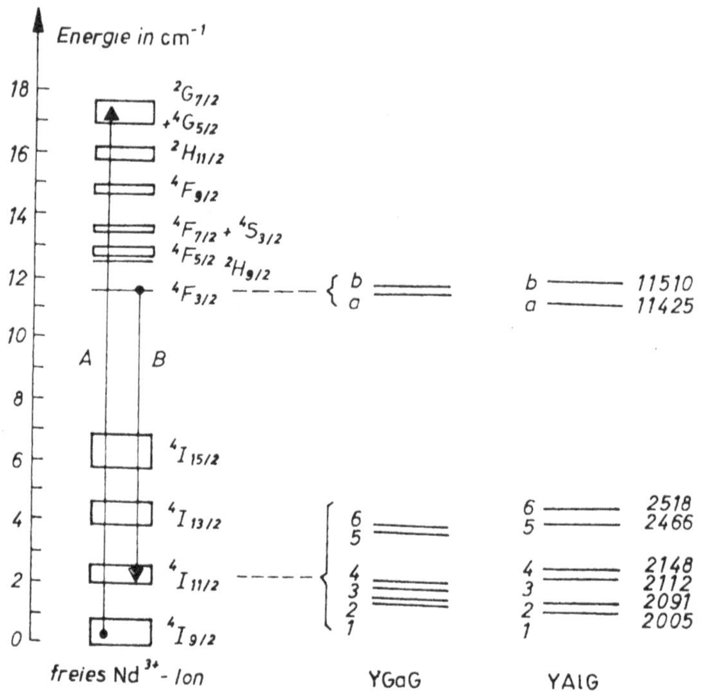

Abb. 6.5. b) Termschema von Nd^{3+} und Kristallfeldaufspaltung in YAlG und YGaG. A — Anregung L — Lumineszenz

kann dann u. U. aus Spektren in anderen Wellenlängenbereichen, z. B. elektronischen RAMAN-Spektren oder im Zusammenhang mit gebundenen Excitonen (Abschn. 6.3.) erschlossen werden.

Spektren von tiefen Störstellen, deren Elektronen nur in schwacher Wechselwirkung mit dem Wirtskristall stehen, leiten sich aus den Spektren des betreffenden freien Ions ab [105]. Typische Beispiele sind die Ionen der Seltenen Erden (f-Elektronen-Spektren) und der Übergangsmetallionen (d-Elektronen-Spektren). Die Kristallfeldaufspaltung der Energieniveaus dieser Elektronen (s. Abschn. 2.1.) führt zu charakteristischen Feinstrukturen, aus denen man über Symmetriebetrachtungen u. a. die Einbaulage des Störatoms ermitteln kann. Da die Lumineszenzlinien sehr scharf sein können,

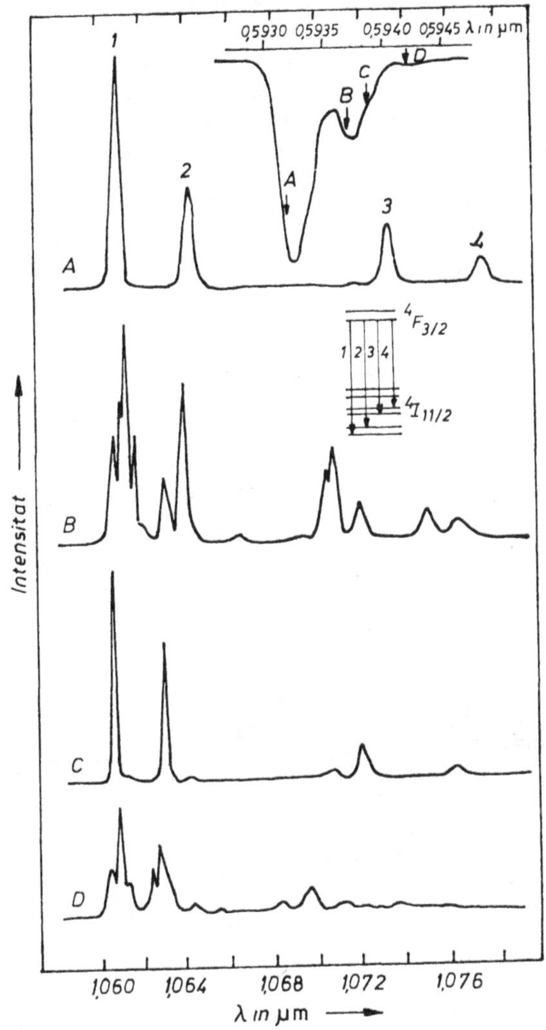

Abb. 6.6. Emissionsspektren von $Y_3(Al_{0,93}Ga_{0,07})_5O_{12}$ bei schmalbandiger Anregung in den $^4I_{9/2}$ — $(^2G_{7/2} + {}^4G_{5/2})$-Übergang (nach [106]). A, B, C, D markieren die Lage der Anregungswellenlänge und das zugehorige Emissionsspektrum.

eignen sich derartige Stoffe gut als Materialien für optisch gepumpte Festkörperlaser (Rubin-, Neodymlaser).

Als Beispiel zeigt Abb. 6.5 die Lumineszenzspektren des dominierenden $^4F_{3/2}$-$^4I_{11/2}$-Übergangs von Nd^{3+} in verschiedenen Granaten. Strahlt man im Mischkristall selektiv mittels eines Farbstofflasers in die strukturierte Absorptionsbande des $^4I_{9/2}$-($^4G_{7/2}$ + $^2G_{5/2}$)-Übergangs ein, so erhält man je nach Wellenlänge der Anregung stark unterschiedliche Spektren (Abb. 6.6), die offen-

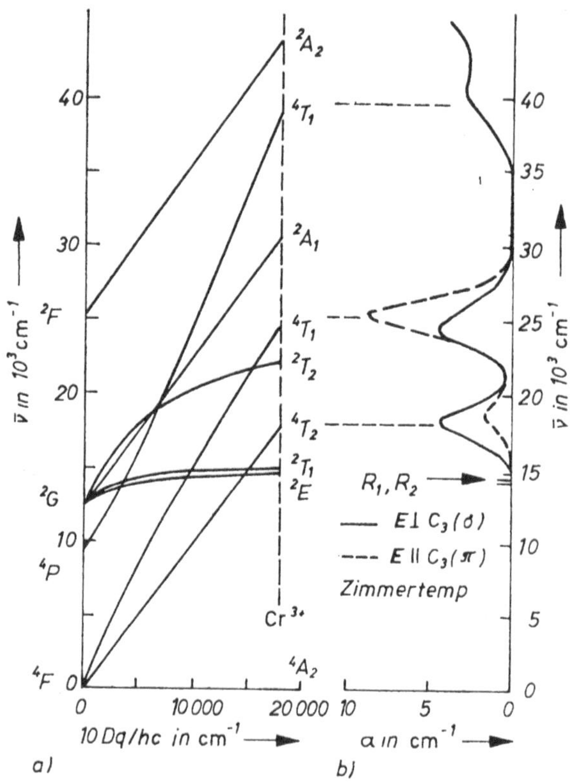

Abb. 6.7. a) Energieniveaus eines d^3-Systems in kubischer Umgebung als Funktion der Stärke *Dq* des Kristallfelds (Tanabe-Sugano-Diagramm), b) Absorptionsspektrum von Cr^{3+} in Rubin (nach [123]). Die Linien R_1 und R_2 gehören zu spinverbotenen ^2E-$^4A_2$-Übergängen, sie sind auch als intensive Lumineszenzlinien beobachtbar.

sichtlich von Plätzen mit verschiedener Symmetrie der Umgebung stammen, zwischen denen keine Energieübertragung möglich ist. Diese *Platzauswahlspektroskopie* (*site-selection*) ist für die Analyse komplexer Spektren sehr hilfreich [107].

Das Rubinspektrum (Abb. 6.7) läßt sich gut auf der Grundlage des Tanabe-Sugano-Diagramms für die d^3-Konfiguration erklären: Die stark kristallfeldabhängigen erlaubten Quartett-Quartett-Übergänge führen zu breiten Banden, die wenig kristallfeldabhän-

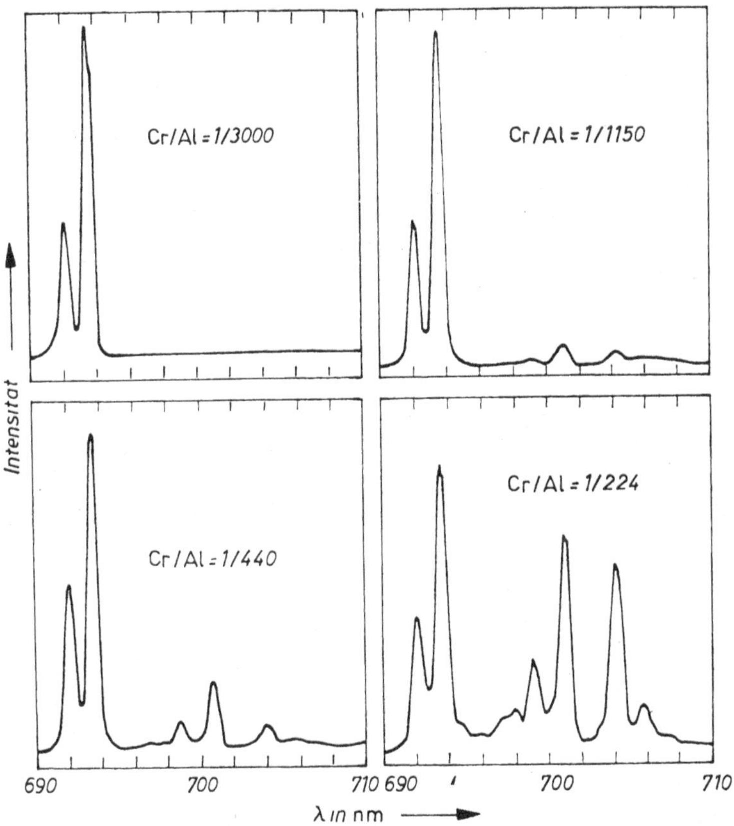

Abb. 6.8. Lumineszenzspektren von Rubin mit unterschiedlichen Cr-Konzentrationen (77 K, geringe spektrale Auflösung) (nach [108]). R_1 und R_2 werden durch isolierte Cr^{3+}-Ionen verursacht, die langwelligeren Linien durch Cr^{3+}-Paare.

gigen spinverbotenen Quartett-Dublett-Übergänge zu schmalen Linien. In Emissionen beobachtet man als Nullphononenübergänge nur die R_1- und R_2-Linie des (aufgespaltenen) ^2E_g-^4A_g-Übergangs.

In stark Cr-dotiertem Al_2O_3 (roter Rubin) treten außer den beiden R-Linien langwellig verschobene Nullphononenlinien auf (Abb. 6.8), die durch Übergänge eines der sechs 3d-Elektronen eines Paares von Cr^{3+}-Ionen entstehen, die durch Austauschwechselwirkung gekoppelt sind. Die Identifizierung der Linien des bei höherer Auflösung sehr komplexen Spektrums [109] erfolgte durch Untersuchung unterschiedlich stark dotierter Kristalle (die Intensität der Paarlinien wächst mit dem Quadrat der Cr^{3+}-Konzentration) und durch Messungen unter einachsigem Druck.

Neben den Nullphononenlinien enthalten die Kristallfeldspektren der d- und f-Elektronen auch *Phononenwiederholungen* (Abb. 6.9), die im Rahmen des Konfigurationskoordinatenmodells (s. Abschn. 4.5.2.) erklärt werden können. Für eine quantitative Interpretation ist zu berücksichtigen, daß die Übergänge innerhalb

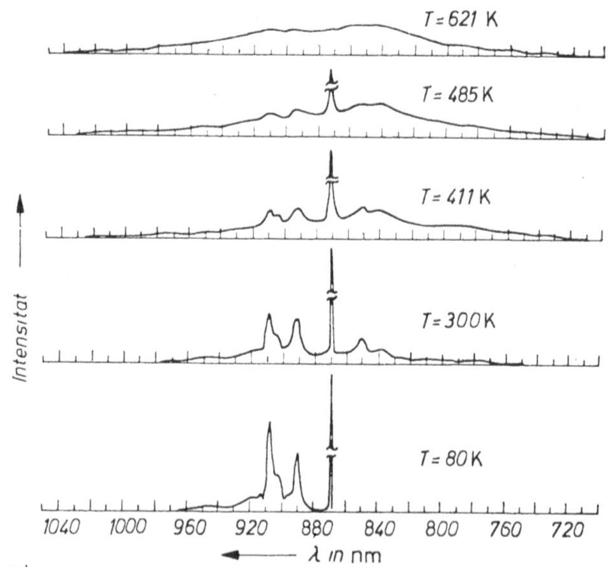

Abb. 6.9 (Fortsetzung und Abbildungsunterschrift siehe S. 151)

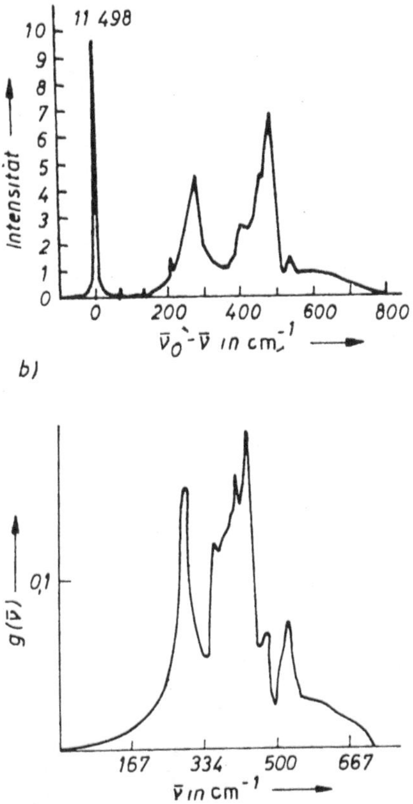

Abb. 6.9. a) Temperaturabhängigkeit der ^2E-$^4A_2$-Emission von V^{2+} in MgO (nach [110]). Die Nullphononenlinie entspricht den R-Linien im Rubin; b), c) Phononenseitenband der V^{2+}-R-Linie in MgO [111] und Vergleich mit der Frequenzverteilung der MgO-Phononen (nach [174])

der d- bzw. f-Schale zwischen Zuständen gleicher Parität erfolgen, also für elektrische Dipolstrahlung verboten sind und nur infolge magnetischer Dipolstrahlung, elektrischer Quadrupolstrahlung (oder Konfigurationsmischung) beobachtet werden können. Gitterschwingungen passender Symmetrie (ungerader Parität) führen dagegen zu phononenbegleiteten Übergängen, die für elektrische Dipolstrahlung erlaubt sind [111].

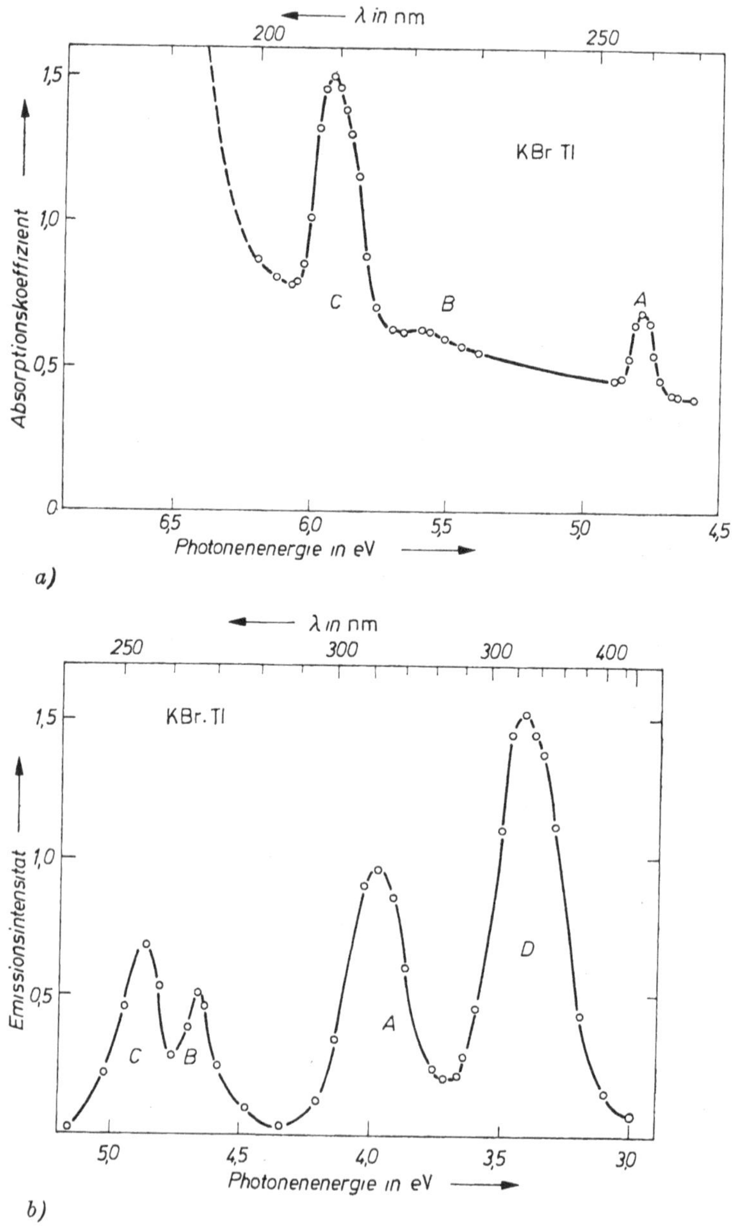

Abb. 6.10 (Fortsetzung und Abbildungsunterschrift siehe S. 153)

Bei starker Wechselwirkung des strahlenden Zentrums mit dem Wirtskristall sind die Nullphononenlinien nicht mehr beobachtbar, und es entstehen strukturlose breite Banden. Typische Beispiele dafür sind die Spektren der Farbzentren [112] (Elektronen auf Anionenfehlstellen in Halogeniden) und von Fremdatomen in Alkalihalogeniden (Abb. 6.10).

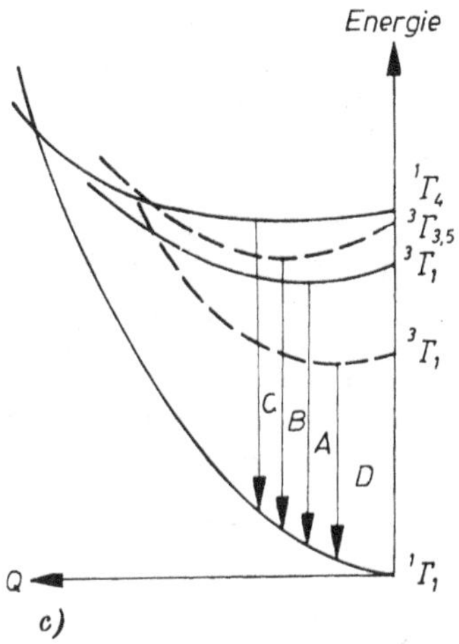

Abb. 6.10. a) Absorptionsspektrum von Tl-dotiertem KBr bei 77 K, b) Emissionsspektrum bei Anregung ins B-Band bei 77 K, c) zugehöriges Konfigurationskoordinatendiagramm (nach [175])

6.2. *Zwischenstörstellenübergänge*

Sind in einen Wirtskristall mehrere unterschiedliche Störstellen eingebaut (es können auch chemisch gleiche Störstellen in unterschiedlichen Einbaulagen sein), so sind *Energietransferprozesse* möglich, die teilweise ohne, teilweise mit Ladungstransfer verlaufen. Es handelt sich dabei nicht um die einfache Emission und Reabsorption von Lumineszenzlicht, die auch als Strahlungsdiffusion bezeichnet wird.

6.2.1. *Energietransfer zwischen tiefen Störstellen* [113]

Energietransfer zwischen schwach gekoppelten[1]) tiefen Störstellen erfolgt strahlungslos ohne Ladungstransfer. Die dynamische Kopplung der beteiligten Ionen kommt durch elektrostatische

[1]) Für starke Kopplung hat das Konzept der Energieübertragung keinen Sinn, es handelt sich dann um Elektronenübergänge an Störstellenpaaren (s. Abschn. 6.1.), die einzelnen Störstellen verlieren ihre Identität.

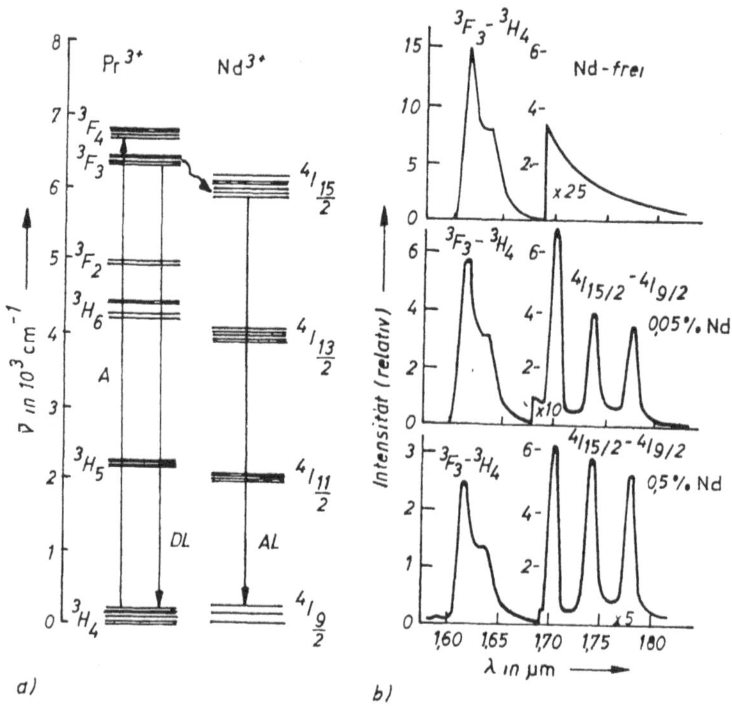

Abb. 6.11. a) Termschema von Pr^{3+} und Nd^{3+} in $LaCl_3$. A Anregung DL Donatorlumineszenz, AL Akzeptorlumineszenz; b) Lumineszenzspektren von $LaCl_3$ mit 2% Pr und unterschiedlichem Nd-Gehalt (nach [114])

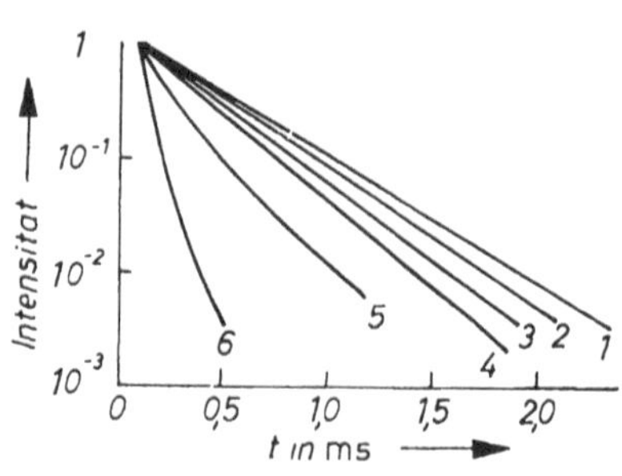

Abb. 6.12. Abklingkurven von $LaCl_3$ mit 2% Pr und unterschiedlichem Nd-Gehalt: 1 – kein Nd, 2 – 0,01% Nd, 3 – 0,03% Nd, 4 – 0,05% Nd 5 – 0,5% Nd, 6 – 1% Nd (nach [114])

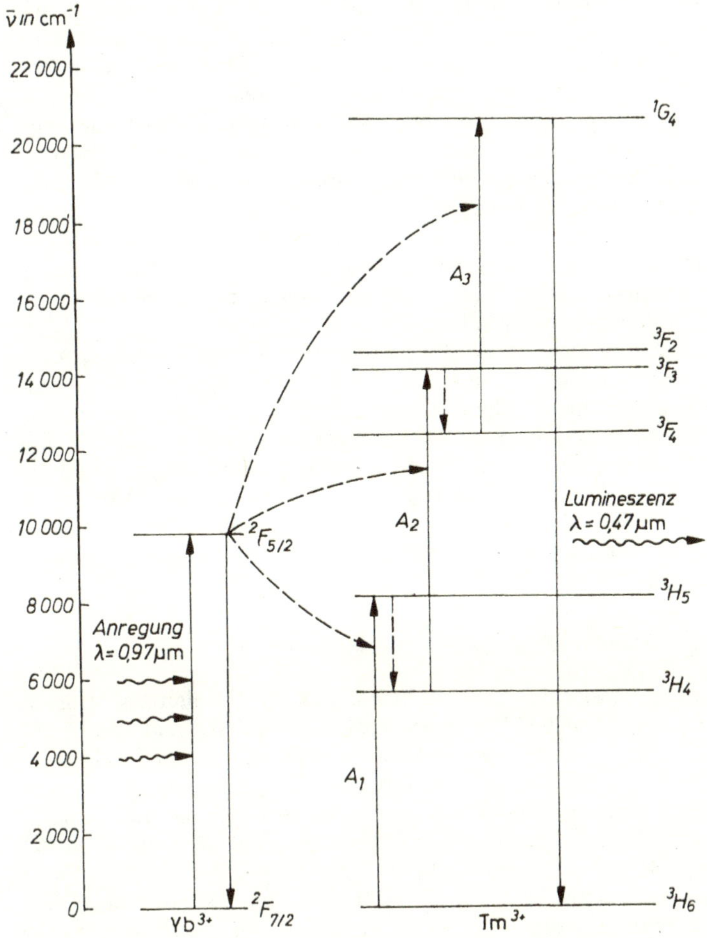

Abb. 6.13. Stufenweise Anregung von Tm^{3+} durch dreifachen Energietransfer (A_1, A_2, A_3) von Yb^{3+} mit zwischenliegender strahlungsloser Relaxation führt zu blauer Emission bei infraroter Anregung (nach [115]). Die Emissionsintensität steigt etwa mit der 3. Potenz der Anregungsintensität.

oder durch Austauschwechselwirkung zustande, die man für explizite Berechnungen nach Multipolmomenten entwickelt. Der Transfer kann rein elektronisch oder — bei Differenzen in der Anregungsenergie der beiden Ionen — phononenbegleitet sein. Abb. 6.11 zeigt als typisches Beispiel einen Transfer von Pr^{3+} zu Nd^{3+} [114]. Die optisch angeregte Störstelle (Pr) bezeichnet man in diesem Zusammenhang als Donator (sensitizer), die empfangende als Akzeptor oder Aktivator; dabei haben die Begriffe Donator bzw. Akzeptor hier eine grundsätzlich andere Bedeutung als in der Halbleiterphysik.

Energietransfer äußert sich stets in einer Verringerung der Lebensdauer des angeregten Donatorzustands, die entsprechenden Abklingkurven (Abb. 6.12) sind bei hoher Akzeptorkonzentration deutlich nichtexponentiell.

Transferprozesse dieser Art führen auch zu einer Anti-STOKES-Fluoreszenz durch Summation von Photonen [115]. Dabei wird durch einen mehrfachen Transfer (von mehreren angeregten Donatoren) ein Akzeptor stufenweise in höherenergetische Zustände angeregt und damit zur Emission kurzwelliger Strahlung befähigt (Abb. 6.13). Derartige Prozesse haben um Größenordnungen höhere Quantenausbeuten als eine direkte Mehrphotonenanregung des Aktivators, sie werden auch als *Aufwärtskonversion* bezeichnet.

6.2.2. *Donator-Akzeptor-Paarspektren*

Übergänge zwischen flachen Störstellen in Halbleitern erfolgen mit Ladungstransfer. Bisher am besten verstanden sind die Donator-Akzeptor-Paarspektren in binären Halbleitern vom Zinkblendetyp [116]. In Abb. 6.14 wird ein Überblick aus dem sehr linienreichen Lumineszenzspektrum von GaP gezeigt, das mit Schwefel (Donator auf P-Platz) und Kohlenstoff (Akzeptor auf P-Platz) dotiert ist.

Die beim Übergang eines Elektrons vom Donator zu einem Akzeptor im Abstand R freiwerdende Energie $h\nu_{\text{emiss}}$ beträgt unter Berücksichtigung der COULOMBschen Wechselwirkung näherungsweise (für nicht zu kleine R)

$$h\nu_{\text{emiss}} = E_g - (E_A + E_D) + \frac{e^2}{4\pi\varepsilon_0\varepsilon_s R}. \quad (6.1)$$

E_A und E_D sind die Bindungsenergien, ε_s ist die statische DK und E_g die Breite der verbotenen Zone.

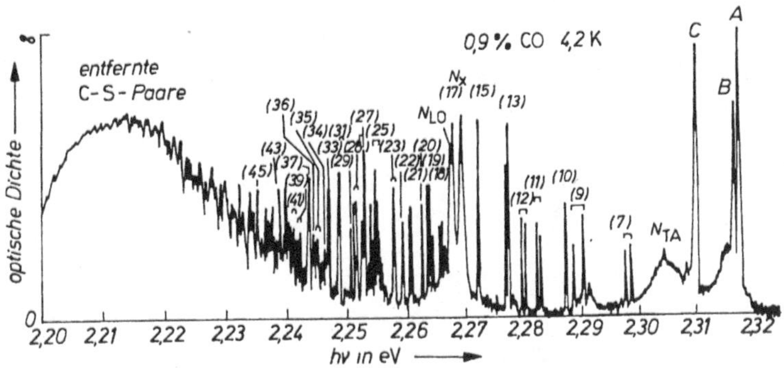

Abb. 6.14. Lumineszenzspektrum von GaP: S, C bei 4,2 K mit aufgelösten Donator-Akzeptor-Paarlinien (Schalennummern) und der nicht aufgelösten Bande entfernter C—S-Paare (nach [176]). Die Linien C und A, B werden durch gebundene Excitonen verursacht.

Das Auftreten diskreter Linien beweist den substitutionellen Einbau der Störatome auf entsprechenden Gitterplätzen, da sich nur dann Übereinstimmung der Linienlagen mit (6.1) ergibt: Für ein Typ-I-Spektrum (beide Störstellen auf gleichem Gitterplatz) ist

$$R = \frac{a_0}{2} \sqrt{2m} \qquad (a_0 \text{ Gitterkonstante}). \tag{6.2}$$

Der Schalenindex m durchläuft dabei alle ganzen Zahlen, für die $2m$ als Summe von 3 Quadratzahlen geschrieben werden kann. Nach zahlentheoretischen Überlegungen lassen sich jedoch Zahlen der Form $4^l(8k + 7)$ nicht als Summe von 3 Quadratzahlen schreiben, so daß die Linien mit den Schalennummern $m = 14$, 30, 46, ... im Typ-I-Spektrum fehlen, während sie im Typ-II-Spektrum (Donator und Akzeptor auf unterschiedlichen Gitterplätzen) auftreten.

Die gute Übereinstimmung der gemessenen Linienlagen mit (6.1) (s. Abb. 6.15) gestatter eine Präzisionsbestimmung von $(E_A + E_D)$ und ε_s.

In Materialien mit kleiner effektiver Masse und entsprechend geringer Bindungsenergie ist nur eine nicht aufgelöste Bande beobachtbar, die Paaren mit großem Abstand entspricht. Ihr Ursprung wird durch nichtexponentielles Abklingverhalten und anregungsintensitätsabhängige Lage des Maximums nachgewiesen.

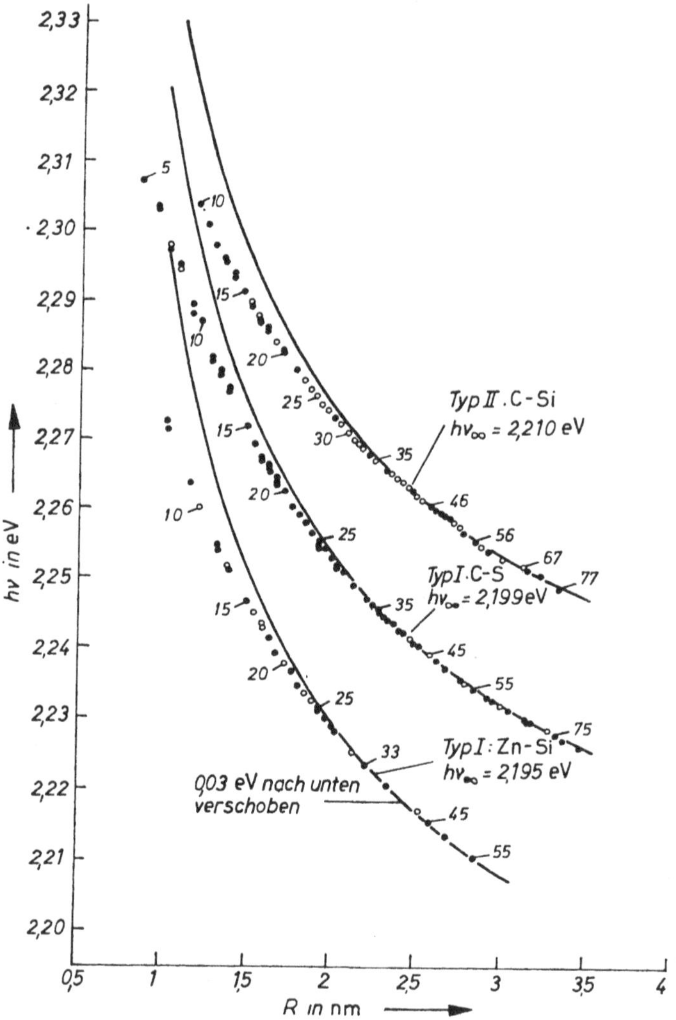

Abb. 6.15. Photonenenergie von Donator-Akzeptor-Paarlinien als Funktion des Paarabstandes R (nach [176]). Die durchgezogenen Kurven entsprechen (6.1).

Auch bei relativ großen Bindungsenergien können bei Band-Band-Anregung käufig individuelle Paarlinien nicht aufgelöst werden. Oft gelingt dann die Auflösung durch Anregung mittels schmalbandiger Laserstrahlung unterhalb der Bandkante nach dem Platzauswahlprinzip (selektive Paarlumineszenz): Bei fester Anregungsenergie $h\nu_{\text{exc}}$ werden nur Paare mit einem Abstand R^* angeregt, für die

$$h\nu_{\text{exc}} = E_{\text{g}} - E_{\text{D}} - E_{\text{A}}{}^* + \frac{e^2}{4\pi\varepsilon_0\varepsilon_{\text{s}}R^*} \tag{6.1a}$$

ist (Erzeugung eines Lochs in einem angeregten Akzeptorzustand $E_{\text{A}}{}^*$, analog wäre die Anregung in einen Donatorzustand $E_{\text{D}}{}^*$ möglich). Nach genügend schneller Relaxation des Loches emittieren nur diese Paare Strahlung der Quantenenergie $h\nu_{\text{emiss}}$ entsprechend (6.1); die Differenz $h\nu_{\text{exc}} - h\nu_{\text{emiss}}$ liefert daher gemäß dem Schema der Abb. 6.16 die Anregungsenergien des beteiligten Akzeptors. Im gleichen Spektrum (Abb. 6.17) macht sich auch der bevorzugte Einfang von Elektronen bei resonanter Phononenemission bemerkbar. Letzterer wurde ebenfalls bei anregungsspektroskopischen Untersuchungen der nicht aufgelösten Paarlumineszenz in GaAs [119] nachgewiesen.

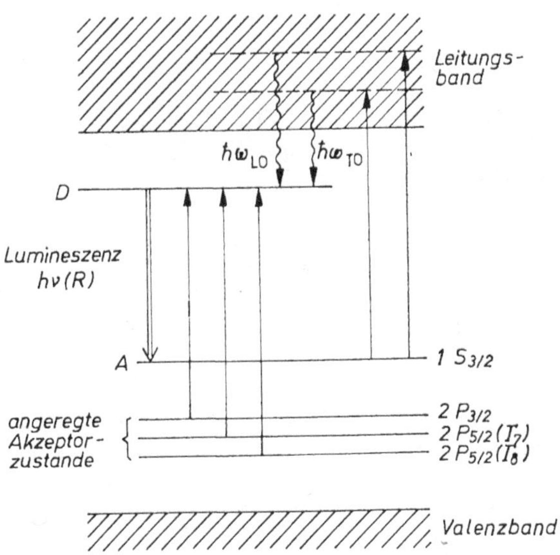

Abb. 6.16. Schema der Anregung eines Donator-Akzeptor-Paars mit $R = \text{const}$

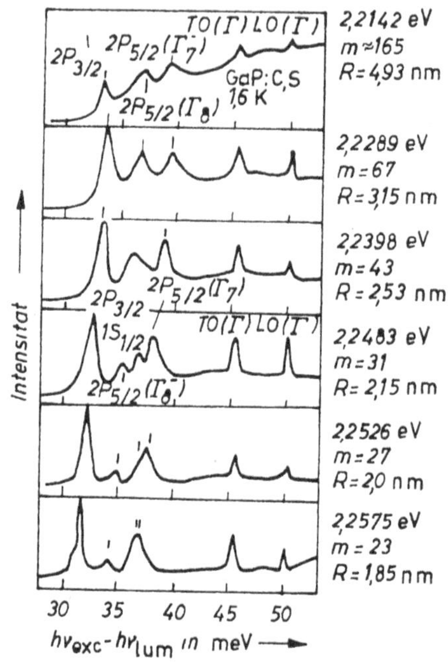

Abb. 6.17. Anregungsspektren der C—S-Paarlinien in GaP für Paare mit unterschiedlichem Abstand (nach [118])

6.3. *Gebundene Excitonen* [S 30, S 31]

Sowohl geladene als auch neutrale Störstellen können Excitonen binden, deren Zerfall wegen der fehlenden kinetischen Energie zu außerordentlich scharfen Nullphononenlinien (Breite $\leqq$ 0,1 meV) bei

$$h\nu_0 = E_g - E_{ex} - E_{bx} \tag{6.3}$$

führt. E_{ex} ist dabei die (innere) Bindungsenergie des freien Excitons, E_{bx} die Bindungsenergie des Excitons an die Störstelle. Bei tiefen Temperaturen (fehlende thermische Dissoziation) und geringen Ladungsträgerdichten (vernachlässigbare Abschirmung der Elektron-Loch- bzw. Träger-Störstellen-Wechselwirkung) ist die Excitonenstrahlung oft der dominierende strahlende Rekombinationsprozeß. Der Ursprung einer Excitonenlinie folgt meist

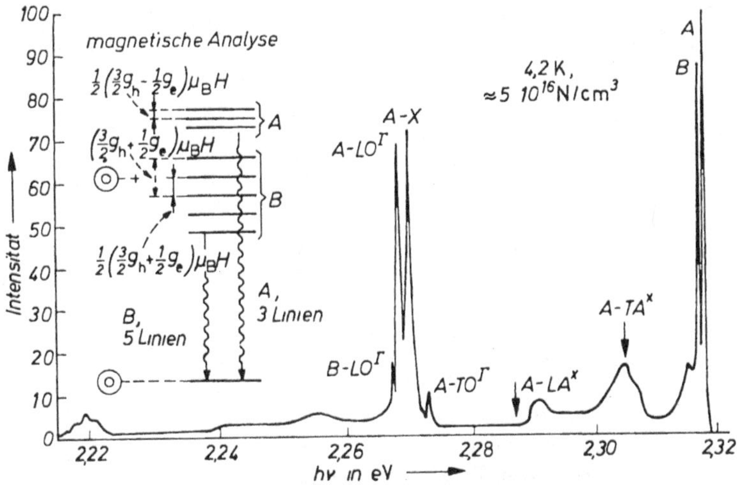

Abb. 6.18. Lumineszenzspektrum von schwach stickstoffdotiertem GaP (nach [177]): Zerfall eines gebundenen Excitons mit schwacher Phononenankopplung. Das Termschema wird durch ZEEMAN-Effekt-Messungen bestätigt.

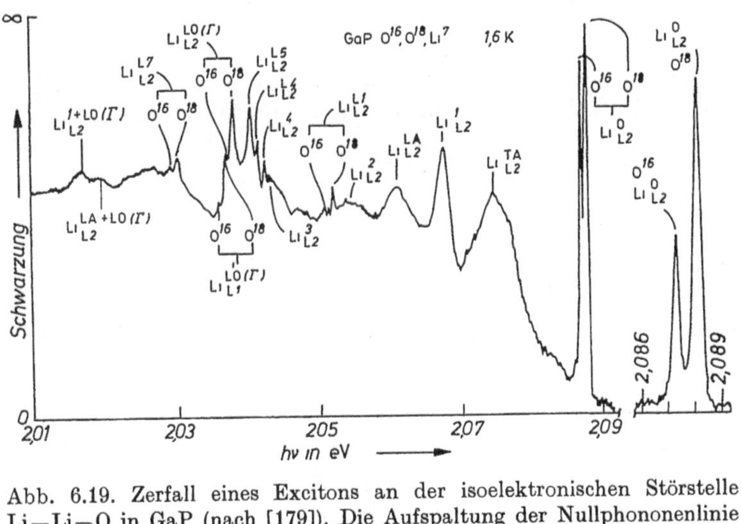

Abb. 6.19. Zerfall eines Excitons an der isoelektronischen Störstelle Li—Li—O in GaP (nach [179]). Die Aufspaltung der Nullphononenlinie bei teilweisem Ersatz von O^{16} durch O^{18} beweist die Beteiligung von Sauerstoff an dem bindenden Zentrum.

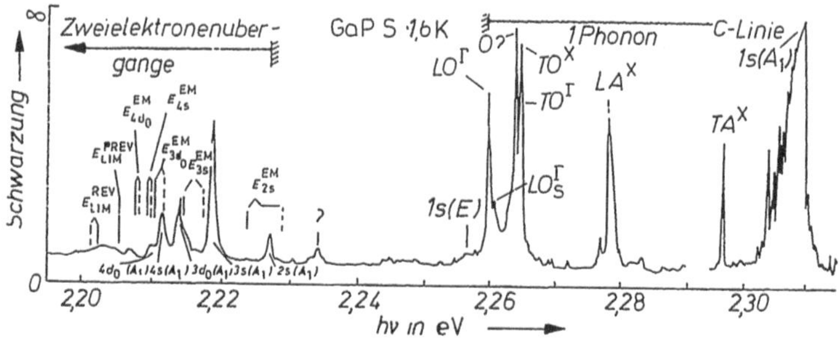

Abb. 6.20. Zweielektronenübergänge beim Zerfall schwefelgebundener Excitonen in GaP (nach [168]). Die C-Linie entspricht dem reinen Nullphononenübergang.

aus ihrer Feinstruktur und ihrem Verhalten im Magnetfeld bzw. unter uniaxialem Druck. Beispielsweise konnten so die Linien A und B im GaP (Abb. 6.18) dem gebundenen Exciton an der isoelektronischen Störstelle Stickstoff ($N_{[P]}$), die Linie C (Abb. 6.20) dem gebundenen Exciton an einem neutralen Donator (S, Se oder Te auf P-Platz) zugeordnet werden. Die chemische Natur der bindenden Störstelle kann in günstigen Fällen durch eine Isotopieverschiebung der Nullphononenlinie oder der durch lokale Moden verursachten Phononensatelliten ermittelt werden (Abb. 6.19).

An neutrale Donatoren oder Akzeptoren gebundene Excitonen sind räumlich stark konzentrierte 3-Teilchen-Komplexe, die neben dem strahlenden einem dominierenden (lebensdauerbestimmenden)

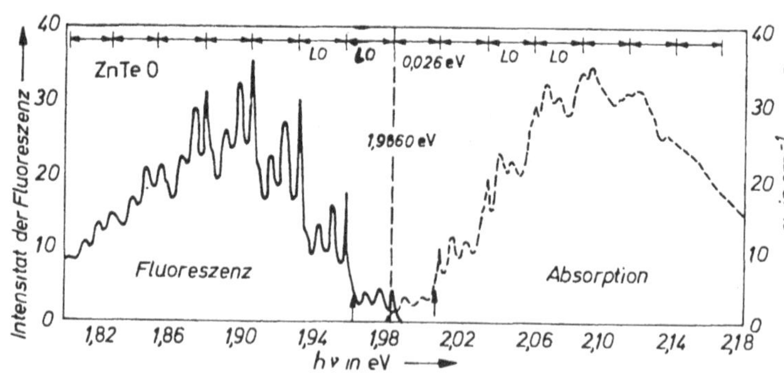

Abb. 6.21. Lumineszenz und Absorption von sauerstoffgebundenen Excitonen in ZnTe: 0 (nach [153]). Bei mäßig starker Phononenankopplung ist die Nullphononenlinie bei 1,986 eV noch gut zu identifizieren.

strahlungslosen Zerfall infolge des AUGER-Effekts unterliegen. Gelegentlich tritt auch ein partiell strahlender Zerfall auf, wobei das an der Störstelle verbleibende Elektron (Loch) in angeregte Zustände übergeht. Derartige 2-Elektronen-Spektren (Abb. 6.20) gestatten die Ermittlung angeregter Störstellenzustände mit s-Charakter, die im Absorptionsspektrum nicht auftreten.

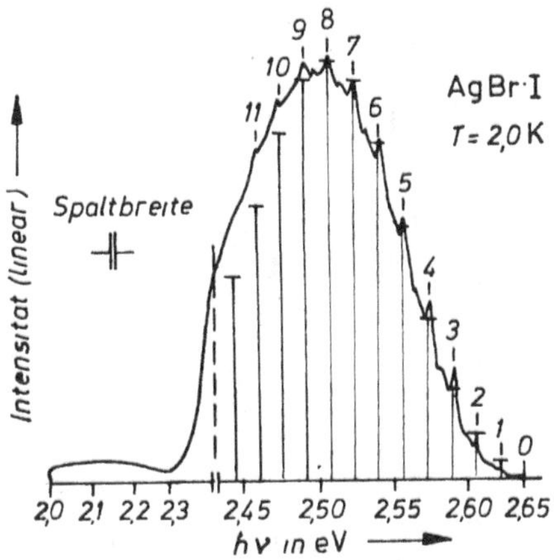

Abb. 6.22. Lumineszenz von jodgebundenen Excitonen in AgBr : I (nach [131]). Es liegt starke Phononenankopplung (S = 9,6) vor.

Bei stärkerer Elektron-Phonon-Kopplung (in polaren Kristallen) ist die Nullphononenlinie kaum noch nachweisbar, es treten ausgeprägte Phononensatelliten auf (Abbn. 6.21, 6.22), deren Intensität bei tiefen Temperaturen durch eine POISSON-Verteilung

$$I(h\nu + n \cdot \hbar\omega_{\text{ph}}) \sim \frac{1}{n!} S^{n} e^{-S} \tag{6.4}$$

entsprechend dem Konfigurationskoordinatenmodell (Abschn. 5.4.2.) gegeben wird. Bei der Kopplung an longitudinal-optische Phononen $\hbar\omega_{\text{L0}}$ ist für die Größe des HUANG-RHYS-Faktors S die Polaronenkopplungskonstante

$$\alpha = \frac{e^2}{4\pi\varepsilon_0\hbar}\left(\frac{1}{\varepsilon_\infty} - \frac{1}{\varepsilon_s}\right)\sqrt{\frac{m^*}{2\hbar\omega_{\text{L0}}}} \tag{6.5}$$

maßgebend [S 52]. m^* ist dabei die effektive Masse, ε_s und ε_∞ sind die statische und die optische DK.

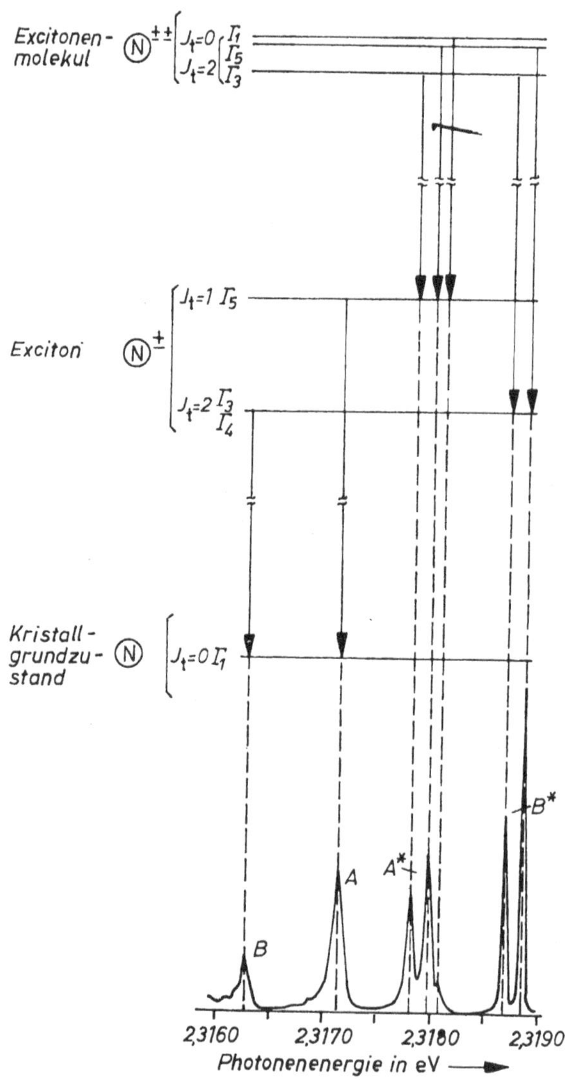

Abb. 6.23. Zerfall eines stickstoffgebundenen Excitonenmoleküls (Biexciton) in GaP : N (nach [121])

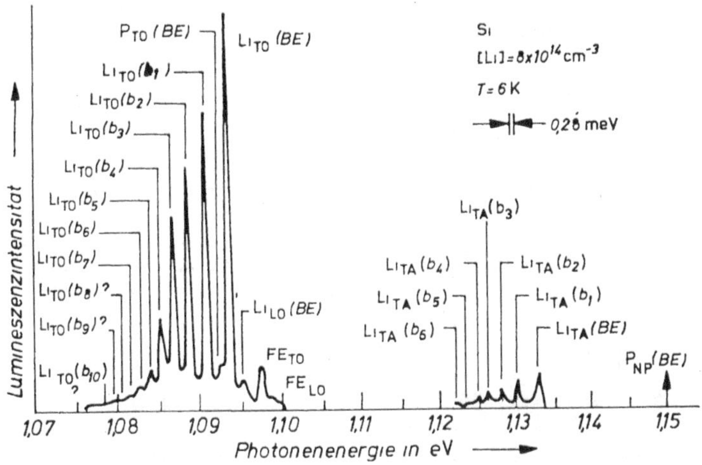

Abb. 6.24. Lumineszenz von Li-dotiertem Si bei höheren Anregungsintensitäten (nach [122]). Die Linien sind phononenassistierte Übergänge in gebundenen Vielexcitonenkomplexen.

In Isolatoren mit magnetisch geordneten Strukturen sind außer Phononen- auch Magnonensatelliten möglich, d. h., gleichzeitig mit dem optischen Übergang werden Spinwellen angeregt [123]. Erhöht man die Anregungsdichte, so können mehrere Excitonen an der gleichen Störstelle gebunden werden [S 31]. Ein gut untersuchtes Beispiel ist GaP : N. Die Richtigkeit der Zuordnung der Linien A* und B* zum Zerfall eines gebundenen Biexcitons in ein gebundenes Exciton und ein Photon (Abb. 6.23) folgt nicht nur aus Zeeman-Effekt- und Druckuntersuchungen [120], sondern auch aus der (näherungsweise) quadratischen Abhängigkeit der Intensität der B*-Linie von der Anregungsintensität.

In hinreichend schwach dotiertem Si : Li gelang es, bis zu zehn gebundene Excitonen an einem interstitiellen Li-Donator nachzuweisen (Abb. 6.24). Eine qualitative Interpretation der beobachteten Linienlagen liefert das Schalenmodell von Kirczenov [124]. Besonderes Interesse haben diese Vielteilchenkomplexe, da sie Zwischenstufen bei der Keimbildung von Elektron-Loch-Tröpfchen darstellen könnten [125].

7. Literaturverzeichnis

7.1. *Periodica*

[P 1] H. Ehrenreich, F. Seitz, D. Turnbull (eds.): Solid State Physics. Vol. 1–37ff. and Supplements 1–13ff. (1955–1984ff). Academic Press, New York und London.

[P 2] J. Treusch (ed.): Festkörperprobleme (Advances in Solid State Physics). Bde. I–XXIIIff. (1962–1983ff.). Vieweg, Braunschweig/Wiesbaden.

7.2. *Lehrbücher*

[L 1] A. J. Achiesser, W. B. Berestezki: Quantenelektrodynamik. B. G. Teubner, Leipzig 1962.

[L 2] A. Haug: Theoretische Festkörperphysik I und II. Deuticke, Wien 1964 und 1970.

[L 3] O. Madelung: Festkörpertheorie I, II und III. Springer-Verlag, Berlin, Heidelberg, New York 1972/73.

[L 4] J. M. Ziman: Prinzipien der Festkörpertheorie. Akademie-Verlag, Berlin 1974.

[L 5] L. Valenta, E. Jäger: Vorlesungen über Festkörpertheorie I und II. Studienbücherei, VEB Deutscher Verlag der Wissenschaften, Berlin 1977.

[L 6] Ch. Kittel: Quantentheorie der Festkörper. R. Oldenburg, München und Wien 1970.

[L 7] P. Ziesche, G. Lehmann: Ergebnisse der Elektronentheorie der Metalle. Akademie-Verlag, Berlin 1983.

[L 8] W. Brauer, H.-W. Streitwolf: Theoretische Grundlagen der Halbleiterphysik. WTB Bd. 119. Akademie-Verlag, Berlin 1973.

[L 9] O. Madelung: Grundlagen der Halbleiterphysik. Springer-Verlag, Berlin, Heidelberg, New York 1970.

[L 10] V. L. Bonč-Brujevič, S. G. Kalašhnikov: Halbleiterphysik. VEB Deutscher Verlag der Wissenschaften, Berlin 1982.

[L 11] J. I. Pankove: Optical Processes in Semiconductors. Prentice-Hall Inc., New York 1971.

7.3. *Sammelwerke*

[S 1] M. I. Petraschen, E. D. Trifonov: Anwendung der Gruppentheorie in der Quantenmechanik. Akademie-Verlag, Berlin 1969.

[S 2] A. P. Cracknell: Angewandte Gruppentheorie. WTB Bd. 84. Akademie-Verlag, Berlin, Pergamon Press, Oxford, Vieweg und Sohn, Braunschweig 1971.

[S 3] R. S. KNOX, A. GOLD: Symmetry in the Solid State. W. A. Benjamin, New York and Amsterdam 1964.

[S 4] H.-W. STREITWOLF: Gruppentheorie in der Festkörperphysik. Akademische Verlagsgesellschaft, Leipzig 1967.

[S 5] H. L. SCHLÄFER, G. GLIEMANN: Einführung in die Ligandenfeldtheorie. Akademische Verlagsgesellschaft, Leipzig 1967.

[S 6] E. U. CONDON, G. H. SHORTLEY: The Theory of Atomic Spectra. Cambridge University Press 1953.

[S 7] J. C. SLATER: Quantum Theory of Atomic Structure I und II. Mc-Graw-Hill Book Comp., New York, Toronto, London 1960.

[S 8] B. R. JUDD: Operator Techniques in Atomic Spectroscopy. Mc-Graw-Hill Book Comp., New York 1963.

[S 9] B. KOCKEL: Darstellungstheoretische Behandlung einfacher wellenmechanischer Probleme. B. G. Teubner, Leipzig 1955.

[S 10] W. M. FAIN, J. I. CHANIN: Quantenelektronik. B. G. Teubner, Leipzig 1969.

[S 11] B. W. SHORE, D. H. MENZEL: Principles of Atomic Spectra. J. Wiley and Sons, New York, London, Sydney 1968.

[S 12] E. KÖNIG, S. KEMER: Ligand Field Energy Diagrams. Plenum Press, New York und London 1977.

[S 13] M. H. BRODSKY: Amorphous Semiconductors. Topics in Applied Physics, vol. 36. Springer-Verlag, Berlin, Heidelberg, New York 1979.

[S 14] K. UNGER, H.-G. SCHNEIDER: Verbindungshalbleiter. Akademische Verlagsgesellschaft, Leipzig 1985.

[S 15] T. S. MOSS (Series ed.): Handbook on Semiconductors. North Holland Publ. Comp., Amsterdam, New York, Oxford.
Vol. 1: Band Theory and Transport Properties (W. PAUL ed., 1982).
Vol. 2: Optical Properties of Solids (M. BALKANSKI ed., 1980).
Vol. 3: Materials, Properties and Preparation (S. P. KELLER ed., 1980).
Vol. 4: Device Physics (C. HILSUM ed., 1981).

[S 16] M. CARDONA, L. LEY (eds.): Photoemission in Solids I. Topics in Applied Physics, vol. 26. Springer-Verlag, Berlin, Heidelberg, New York 1978.

[S 17] L. LEY, M. CARDONA (eds.): Photoemission in Solids II. Topics in Applied Physics, vol. 27. Springer-Verlag, Berlin, Heidelberg, New York 1979.

[S 18] A. KAHN: Semiconductor Surface Structures. Surf. Sc. Repts **3** (1983) 193.

[S 19] J. A. APPELBAUM, D. R. HAMANN: Rev. Mod. Phys. **48** (1976) 3.

[S 20] C. G. SCOTT, C. E. REED: Surface Physics of Phosphors and Semiconductors. Academic Press, New York and London 1975.

[S 21] W. MÖNCH: Chemisorption-induced Defects at Interfaces on Composed Semiconductors. Surf. Sc. **132** (1983) 92.

[S 22] A. G. MILNES, D. L. FEUCHT: Heterojunctions and Metal-Semiconductor Junctions. Academic Press, New York and London 1972.

[S 23] J. L. BRILLSON: The Structure and Properties of Metal-Semiconductor Interfaces. Surf. Sc. Repts **2** (1982) 123.

[S 24] T. ANDO, A. B. FOWLER, F. STERN: Electronic Properties of Two-dimensional Systems. Rev. Mod. Phys. **54** (1982) 437.

[S 25] S. T. PANTELIDES: The Electronic Structure of Impurity and Defect States in Semiconductors. Rev. Mod. Phys. **50** (1978) 797.

[S 26] A. M. STONEHAM: Theory of Defects in Solids. Clarendon Press, Oxford 1975.

[S 27] Wiss. Z. d. Karl-Marx-Universität Leipzig, Math.-naturwiss. Reihe **28** (1979) Heft 5.

[S 28] M. LANNOO, J. BOURGAIN: Point Defects in Semiconductors I und II. Springer Series in Solid State Sciences, vol. 22 und vol. 25. Springer-Verlag, Berlin, Heidelberg, New York 1983.

[S 29] F. YONEZYWA: Fundamental Physics of Amorphous Semiconductors. Springer Series in Solid State Physics, vol. 25. Springer-Verlag, Berlin, Heidelberg, New York 1981.

[S 30] K. CHO (ed.): Excitons. Topics in Current Physics, vol. 14. Springer-Verlag, Berlin, Heidelberg, New York 1979.

[S 31] E. I. RASHBA, M. D. STURGE (eds.): Excitons. Modern Problems in Condensed Matter Sciences, vol. 2. North Holland Publ. Comp., Amsterdam, New York, Oxford 1982.

[S 32] G. K. HORTON, A. A. MARADUDIN (eds.): Dynamical Properties of Solids, vols. 1–4. North Holland Publ. Comp., Amsterdam, New York. Oxford 1975.

[S 33] P. BRÜESCH: Phonons. Theory and Experiment I. Springer Series in Solid State Sciences, vol. 34. Springer-Verlag, Berlin, Heidelberg, New York 1982.

[S 34] H. BÖTTGER: Principles of the Theory of Lattice Dynamics. Akademie-Verlag, Berlin 1983.

[S 35] R. F. WALLIS (ed.): Lattice Dynamics. Pergamon Press, London 1965.

[S 36] M. SCHUBERT, B. WILHELMI: Einführung in die nichtlineare Optik. Bde. 1 und 2. B. G. Teubner, Leipzig 1971 und 1978.

[S 37] A. MAITLAND, M. H. DUNN: Laser Physics. Amsterdam/London 1969.

[S 38] B. DIBARTOLO (ed.): Optical Properties of Ions in Solids. Chapmann and Hall, London 1969.

[S 40] R. K. WILLARDSON, A. C. BEER (eds.): Semiconductors and Semimetals, vols. 1–10ff. Academic Press, New York, London 1966 to 1975ff.

[S 41] K. K. REBANE: Impurity Spectra of Solids. Plenum Press, New York, London 1970.

[S 42] A. MEISEL, G. LEONHARDT, R. SZARGAN: Röntgenspektren und chemische Bindung. Akademische Verlagsgesellschaft, Leipzig 1977.

[S 43] B. K. Agarwal: X-Ray Spectroscopy. Springer Series in Optical Sciences, vol. 10. Springer-Verlag, Berlin, Heidelberg, New York 1979.

[S 44] C. Kunz (ed.): Synchrotron Radiation. Topics in Current Physics, vol. 10, Springer-Verlag, Berlin, Heidelberg, New York, 1979.

[S 45] B. O. Seraphin (ed.): Optical Properties of Solids. New Devellopments. North Holland Publ. Comp., Amsterdam, New York, Oxford 1976.

[S 46] D. K. Ferry (ed.): Physics of Nonlinear Transport in Semiconductors. Plenum Press, New York 1980.

[S 47] Solid State Electronics **21** (1978) No. 1: Hot Electrons in Semiconductors.

[S 48] H. Ibach (ed.): Electron Spectroscopy for Surface Analysis. Topics in Current Physics, vol. 4. Springer-Verlag, Berlin, Heidelberg, New York 1977.

[S 49] W. M. Yen, P. M. Selzer (eds.): Laser Spectroscopy of Solids Topics in Applied Physics, vol. 49. Springer-Verlag, Berlin, Heidelberg, New York 1981.

[S 50] M. Cardona (ed.): Light Scattering in Solids I and II. Topics in Applied Physics, vol. 8 and vol. 50. Springer-Verlag, Berlin, Heidelberg, New York 1975.

[S 51] J. Auth, D. Genzow, K. H. Herrmann: Photoelektrische Erscheinungen. WTB Bd. 196. Akademie-Verlag, Berlin 1977.

[S 52] J. Devreese (ed.): Polarons in Ionic Crystals and Polar Semiconductors. North Holland Publ. Comp., Amsterdam 1972.

[S 53] K. Unger (ed.): Festkörperphysik. Akademische Verlagsgesellschaft, Leipzig 1979.

7.4. *Originalarbeiten*

[1] H. Bethe, Ann. Phys. (Leipzig) **3** (1929) 133.
[2] J. Tanabe, S. Sugano, J. Phys. Soc. Jpn. **9** (1954) 753, 766.
[3] F. Herman, Phys. Rev. **93** (1954) 1214.
[4] T. O. Woodruff, Phys. Rev. **98** (1955) 1741.
[5] C. Herring, Phys. Rev. **57** (1940) 1169.
[6] L. P. Bouckaert u. a., Phys. Rev. **50** (1936) 58.
[7] C. Herring, Phys. Rev. **52** (1937) 351.
[8] E. O. Kane in [S 15], vol. 1, 193.
[9] J. C. Phillips, L. Kleinman, Phys. Rev. **116** (1959) 287.
[10] R. Sandrock in [P 2], Bd. **X** (1970) 283.
[11] M. L. Cohen, J. R. Chelikowski in [S 15], vol. 1, 219.
[12] D. Brust, Solid State Commun. **9** (1971) 481.
[13] J. A. Appelbaum, D. R. Hamann, Phys. Rev. **B8** (1973) 1777.
[14] M. L. Cohen, T. K. Bergstresser, Phys. Rev. **141** (1966) 789.
[15] J. R. Chelikowski, M. L. Cohen, Phys. Rev. **B14** (1976) 556.
[16] J. A. Van Vechten, Phys. Rev. **182** (1969) 891 und **187** (1969) 1007.

[17] J. C. PHILLIPS, Rev. Mod. Phys. **42** (1970) 317.
[18] J. C. PHILLIPS: Bonds and Bands in Semiconductors. Academic Press, New York 1973.
[19] J. C. PHILLIPS, L. KLEINMAN, Phys. Rev. **116** (1959) 880, **117** (1960) 460 und **118** (1960) 740.
[20] D. J. STUCKEL u. a., Phys. Rev. **179** (1969) 740.
[21] C. S. WANG, B. M. KLEIN, Phys. Rev. **B24** (1981) 3393.
[22] D. R. HAMANN, Phys. Rev. Letters **42** (1979) 662.
[23] R. DOVESI u. a., Phys. Rev. **B24** (1981) 4177.
[24] W. KOHN, L. J. SHAM, Phys. Rev. **140** (1965) A 1133.
[25] G. B. BACHELET u. a., Phys. Rev. **B26** (1982) 4199.
[26] N. SCHLUTER in [P 2], Bd. XVIII (1978) 155.
[27] J. POLLMANN in [P 2], Bd. XX (1980) 117.
[28] N. T. LINH in [P 2], Bd. XXIII (1983) 227.
[29] P. J. DEAN u. a., J. Phys. **D10** (1977) 2545, D. J. ROBBINS und P. J. DEAN, Adv. Phys. **27** (1978) 499.
[30] R. A. FAULKNER, Phys. Rev. **184** (1969) 713.
[31] E. JANZÉN u. a., Phys. Rev. **B29** (1984) 1907.
[32] A. BALDERESCHI, N. O. LIPARI, Phys. Rev. **B8** (1973) 2697 und **B9** (1974) 1525.
[33] G. A. BARAFF, M. SCHLÜTER, Phys. Rev. **B19** (1979) 4965.
[34] U. LINDEFELT, A. ZUNGER, Phys. Rev. **B26** (1982) 846.
[35] M. D. STURGE in [P 1], vol. 20 (1967) 91.
[36] K. A. KIKOIN, V. N. FLEUROV, J. Phys. **C17** (1984) 2357.
[37] G. LUCOVSKY, T. M. HAYES in [S 13], 215.
[38] M. BUGAJSKI u. a., Phys. Rev. **B28** (1983) 7105.
[39] T. KOOPMANS, Physica **1** (1934) 104.
[40] W. HANKE in [P 2], Bd. XIX (1979) 43.
[41] M. D. STURGE in [S 31], 3.
[42] P. ROHNER in [P 2], Bd. X (1970) 257.
[43] J. POLLMANN, H. BÜTTNER, Phys. Rev. **B16** (1977) 4480.
[44] U. RÖSSLER in [P 2] Bd. XIX (1979) 77.
[45] P. J. DEAN, D. C. HERBERT in [S 30], 55.
[46] G. DOLLING, J. L. T. WAUGH in [S 35], 31.
[47] K. KUNZ u. a., Phys. Rev. **B12** (1975) 4346 und phys. stat. sol. (b) **71** (1975) 314, **72** (1975) 229, 249.
[48] W. WEBER, Phys. Rev. **B15** (1977) 4789.
[49] R. M. MARTIN, Phys. Rev. **B1** (1970) 4005.
[50] KUSHWAHA, M. S., phys. stat. sol. (b) **98** (1980) 623, Canad. J. Phys. **58** (1980) 351 und J. Phys. Chem. Solids **41** (1980) 484.
[51] A. S. BARKER, A. J. SIEVERS, Rev. Mod. Phys. **47** (1975) Suppl. 2.
[52] D. W. TAYLOR in [S 32], vol. 2, 285.
[53] R. J. ELLIOTT, P. L. LEATH in [S 32], vol. 2, 385.
[54] G. LUCOVKY u. a., Phys. Rev. **B12** (1975) 4135.
[55] B. ULRICI, E. JAHNE, phys. stat. sol. (b) **86** (1978) 517.
[56] P. MERLE u. a., Phys. Rev. **B15** (1977) 2032.

[57] Y. S. Chen u. a., Phys. Rev. **151** (1966) 648.
[58] R. F. Wallis in [S 32], vol. 2, 441.
[59] J. L. Birman in [S 31], 27.
[60] M. D. Sturge in [P 1], vol. 20 (1967) 91.
[61] T. L. Estle in [S 38], 419.
[62] H. Y. Fan in [S 40], vol. 3 (1967) 405.
[63] C. R. Pidgeon in [S 15], vol. 2 (1980) 223.
[64] W. A. Wall in [S 38], 187.
[65] D. Curie in [S 38], 71.
[66] S. H. Wemple, M. DiDomenico, Phys. Rev. **B3** (1971) 1338.
[67] C. Kunz in [S 17], 299.
[68] T. M. Hayes, J. B. Boyce in [P 1], vol. 37 (1982) 173.
[69] P. Rabe, R. Haensel in [P 2], Bd. XX (1980) 43.
[70] I. A. Topol u. a., phys. stat. sol. (b) **61** (1974) 285, 485.
[71] P. Steiner u. a. in [S 17] 349.
[72] G. Martinez in [S 15], vol. 2, 181.
[73] W. Paul, J. appl. Phys. Suppl. **32** (1961) 2073.
[74] A. L. Edwards u. a., J. Phys. Chem. Sol. **11** (1959) 140.
[75] M. Cardona in [P 1], Suppl. **11** (1969).
[76] D. E. Aspnes in [S 15], vol. 2 (1980) 109.
[77] Y. Hamakawa, T. Nishino in [S 45], 255.
[78] D. E. Aspnes in [S 45], 799
[79] E. J. Johnson in [S 40], vol. 3 (1967) 153.
[80] F. Urbach, Phys. Rev. **92** (1953) 1324.
[81] J. D. Dow in [S 45], 73.
[82] M. L. Cohen, D. J. Chadi in [S 15], vol. 2, 155.
[83] P. Y. Yu, M. Cardona, Phys. Rev. **B2** (1970) 3193.
[84] J. Chamassel, D. Auvergne, Phys. Rev. **B12** (1975) 3528.
[85] M. Voos u. a. in [S 15], vol. 2, 329.
[86] J. Shah, Solid State Electronics **21** (1978) 43.
[87] S. Permogorov, phys. stat. sol. (b) **68** (1975) 9.
[88] E. S. Koteles in [S 31], 83.
[89] E. Gross u. a., phys. stat. sol. (b) **59** (1973) 551.
[90] V. B. Timofeev in [S 31], 349.
[91] M. Voos, C. Benoit à la Guillaume in [S 45], 143.
[92] H. Kressel in [S 15], vol. 4 (1981) 617.
[93] G. H. B. Thompson: Physics of Semiconductor Laser Devices. John Wiley & Sons., Baffins Lane, Chichester 1980.
[94] M. B. Panish, I. Hayashi in: Applied Solid State Science (R. Wolfe ed.), vol. 4 (1974] 236. Academic Press, New York, London 1974.
[95] B. B. Varga, Phys. Rev. **137** (1965) A 1896 und K. S. Singwi, M. P. Tosi, Phys. Rev. **147** (1966) 658.
[96] T. S. Moss: Optical Properties of Semiconductors. Butterworth, London 1961.
[97] R. F. Leheny, J. Shah, Solid State Electronics **21** (1978) 167.

[98] M. Campagna u. a., J. de Physique **34** (1973) C6–87.
[99] D. A. Shirley in [S 17], 165.
[100] S. P. Kowalczyk u. a., Phys. Rev. **B7** (1973) 4009.
[101] K. Müller in: Springer Tracts in Modern Physics, Bd. 77. Springer-Verlag, Berlin, Heidelberg, New York 1975.
[102] D. A. Shirley, Phys. Rev. **A7** (1973) 1520.
[103] K. Jacobi, Surf. Sc. **132** (1983) 1.
[104] U. Kaufmann, J. Schneider in [P 2], Bd. XX (1980) 87.
[105] D. S. McClure in [P 1], vol. 9 (1959) 399.
[106] R. K. Watts, W. C. Holton, J. appl. Phys. **45** (1974) 873.
[107] W. M. Yen, P. M. Selzer in [S 49], 141.
[108] A. L. Schawlow u. a., Phys. Rev. Letters **3** (1959) 271.
[109] P. Kisliuk u. a., Phys. Rev. **184** (1969) 367.
[110] B. DiBartolo, R. Peccei, Phys. Rev. **137** (1965) A 1770.
[111] S. E. Stokowski u. a., Phys. Rev. **147** (1966) 544.
[112] J. J. Markham: F-Centers in Alkali Halides. [P 1], Suppl. 8 (1966)
[113] R. K. Watts in [S 38], 307 und 337.
[114] N. Krasutsky, H. W. Moos, Phys. Rev. **B8** (1973) 1010.
[115] F. E. Auzel, Proc. IEEE **61** (1973) 758.
[116] P. J. Dean in: Solid State Chemistry, vol. 8, 1. Pergamon Press, New York 1973.
[117] R. Bindemann, Wiss. Z. d. Karl-Marx-Universität Leipzig, Math.-naturwiss. Reihe **28** (1979) 489.
[118] W. Senske, R. A. Street, Phys. Rev. **B20** (1979) 3267.
[119] R. Ulbrich, Phys. Rev. Letters **27** (1971) 1512.
[120] H. Mathieu u. a., Phys. Rev. **B22** (1980) 4710.
[121] J. L. Merz u. a., Phys. Rev. **188** (1969) 1228.
[122] K. Kosai, M. Gershenzon, Phys. Rev. **B9** (1974) 723.
[123] Y. Tanabe, K. Aoyagi in [S 31], 603.
[124] G. Kirczenow, Solid State Communications **21** (1977) 713.
[125] A. S. Kaminskii, Ya. E. Pokrovskii, Zh. Eksp. Teor. Fiz. **59** (1970) 1937.
[126] M. L. W. Thewalt in [S 31], 392.
[127] E. A. Davis in [S 13], 41.
[128] L. E. Orgel, J. Chem. Phys. **23** (1955) 1004.
[129] D. J. Chadi, M. L. Cohen, phys. stat. sol. (b) **68** (1975) 405.
[130] J. P. Walter, M. H. Cohen, Phys. Rev. **B4** (1971) 1877.
[131] W. Czaja, A. Baldereschi, Helv. Phys. Acta **50** (1972) 606.
[132] R. O. Jones in [S 20] 96.
[133] B. Kramer in [P 2], Bd. XII (1972) 133.
[134] G. A. N. Connell in [S 13], 73.
[135] D. Auvergne u. a., Solid State Communications **21** (1977) 427.
[136] R. Charles u. a., Phys. Rev. **B22** (1980) 4804.
[137] K. Kunz u. a., Phys. Rev. **B12** (1975) 4346.

[138] H. Mendel, A. S. Koster, J. Phys. **C3** (1970) 855.
[139] S. Nakai, T. Sagawa, J. Phys. Soc. Jpn. **26** (1969) 1427.
[140] M. Iwan, C. Kunz, J. Phys. **C11** (1978) 905.
[141] W. F. Nelson u. a., Phys Rev. **127** (1962) 2025.
[142] A. Faessler, Z. Phys. **72** (1931) 734.
[143] G. Wiech, E. Zöpf in: Electronic Density of States (L. H. Bennett ed.). NBS Spec. Publ., Washington 1971.
[144] H. R. Philipp, E. A. Taft, Phys. Rev. **113** (1959) 1002.
[145] R. Zallen, W. Paul, Phys. Rev. **155** (1967) 703.
[146] P. Grosse in: Springer Tracts in Modern Physics, vol. 48 (G. Hohler ed.). Springer-Verlag, Berlin, Heidelberg, New York 1969.
[147] M. D. Sturge in [S 31], 1.
[148] M. D. Sturge, Phys. Rev. **127** (1962) 768.
[194] D. Frohlich u. a., Phys. Rev. Letters **43** (1979) 1260.
[150] P. J. Dean u. a., J. appl. Phys. **38** (1967) 3551.
[151] K. Ishikawa u. a., Phys. Letters **A42** (1972) 289.
[152] P. J. Dean, D. G. Thomas, Phys. Rev. **150** (1966) 690.
[153] R. E. Dietz u. a., Phys. Rev. Letters 8 (1962) 391.
[154] R. Schwabe, private Mitteilung.
[155] J. Shah, R. C. C. Leite, Phys. Rev. Letters **22** (1969) 1304.
[156] V. D. Kulakovskii u. a., Pisma Zh. Eksp. Teor. Fiz. **25** (1977) 487.
[157] E. O. Goebel, G. Mahler in [P 2], Bd. XIX (1979) 105.
[158] T. L. Reinecke, S. C. Ying, Phys. Rev. Letters **35** (1975) 311.
[159] K. L. Shacklee u. a., Appl. Phys. Letters **18** (1971) 302.
[160] P. Grosse, Z. Phys. **193** (1966) 318.
[161] W. G. Spitzer, H. Y. Fan, Phys. Rev. **106** (1957) 882.
[162] H. Sobotta, private Mitteilung.
[163] G. W. Gobeli, H. Y. Fan, Phys. Pev. **119** (1960) 613.
[164] W. G. Spitzer u. a., J. Phys. Chem. Solids **11** (1959) 339.
[165] H. Briggs, R. C. Fletcher, Phys. Rev. **87** (1952) 1130.
[166] L. Ley u. a. in [S 17], 11.
[167] B. Feuerbach, B. Fitton in [S 48], 151.
[168] A. C. Carter u. a., J. Phys. **C10** (1977) 5111.
[169] D. E. Eastman, J. L. Freeouf, Phys. Rev. Letters **33** (1974) 1061 und **34** (1975) 1624.
[170] H. Y. Fan, P. Fisher in: Advances of Semiconductor Science, Pergamon Press, New York 1958, 270.
[171] Ç. Jaganath u. a., Phys. Rev. **B23** (1981) 2/82.
[172] Sh. M. Kogan, M. T. Lifshits, phys. stat. sol. (a) **39** (1977) 11.
[173] W. Scott, J. Appl. Phys. **50** (1979) 472.
[174] M. J. Sangster u. a., J. Phys. **C3** (1970) 1026.
[175] E. Edgerton, K. Teegarden, Phys. Rev. **129** (1963) 169.
[176] P. J. Dean u. a., J. Appl. Phys. **39** (1968) 5631.
[177] D. G. Thomas, J. J. Hopfield, Phys. Rev. **150** (1966) 680.
[178] P. J. Dean, Phys. Rev. **157** (1967) 655.

[179] P. J. DEAN, Phys. Rev. **B4** (1971) 2596.
[180] R. DINGLE, W. WIEGMANN, C. H. HENRY, Phys. Rev. Lett. **33** (1974) 827.
[181] D. BIMBERN, J. CHRISTEN, A. STECKENBORN, G. WEIMANG, W. SCHLAPP, J. LUMINESCENCE, to be published.
[182] K. KUNC, R. M. MARTIN, Phys. Rev. Lett. **48** (1982) 406.

8. Sachverzeichnis

ISSN 0084-098X

Der Autor

- führt die wichtigsten Begriffe der Elektronentheorie nichtmetallischer Festkörper ein
- leitet daraus die theoretischen Grundlagen für das Verständnis ihrer optischen Eigenschaften einschließlich der Elektronenemission ab
- dokumentiert den erreichten Kenntnisstand anhand umfangreichen experimentellen Materials
- greift dabei vorzugsweise auf die anwendungsrelevanten Element- und Verbindungshalbleiter zurück

WISSENSCHAFTLICHE TASCHENBÜCHER

www.ingramcontent.com/pod-product-compliance
Lightning Source LLC
LaVergne TN
LVHW042242300926
849161LV00003B/444